Java 开发技术任务驱动式教程
（第 2 版）

主　编　朱翠苗　庾　佳
副主编　杨正校　吴伶琳　王明珠　金静梅
参　编　周丽君
主　审　张胜生

北京理工大学出版社
BEIJING INSTITUTE OF TECHNOLOGY PRESS

内 容 简 介

本书根据程序设计类课程的特点,结合学生"由浅入深,由简单到复杂,由操作到理论"的认知规律和"重操作,适度理论"的学习习惯,采用"任务驱动式"教材开发理念,选取典型的、学生熟悉的任务案例和项目(学生成绩管理、宠物系统、实现计算器等)作为教学的载体,体现"教、学、做"合一的编写思路。全书分为 Java 技术基础、Java 面向对象技术和 Java 技术进阶三个层次递进的阶段,详细介绍了使用 Java 技术进行应用开发的基础知识和编程技能,主要内容包括 Java 基本语法和程序结构、面向对象的三大特征、接口、常用类、异常处理机制、数据库连接技术和图形技术等。

本书层次分明,语言通俗易懂,图文并茂,案例趣味性强,配以丰富的拓展练习,可作为计算机相关专业的学习教材,也可供程序设计与开发人员参考。

版权专有　侵权必究

图书在版编目(CIP)数据

Java 开发技术任务驱动式教程 / 朱翠苗,庾佳主编. -- 2 版. -- 北京:北京理工大学出版社,2022.4(2024.1 重印)
ISBN 978-7-5763-0954-6

Ⅰ. ①J… Ⅱ. ①朱… ②庾… Ⅲ. ①JAVA 语言-程序设计-教材 Ⅳ. ①TP312.8

中国版本图书馆 CIP 数据核字(2022)第 027609 号

出版发行 /	北京理工大学出版社有限责任公司
社　　址 /	北京市海淀区中关村南大街 5 号
邮　　编 /	100081
电　　话 /	(010)68914775(总编室)
	(010)82562903(教材售后服务热线)
	(010)68944723(其他图书服务热线)
网　　址 /	http://www.bitpress.com.cn
经　　销 /	全国各地新华书店
印　　刷 /	三河市天利华印刷装订有限公司
开　　本 /	787 毫米 × 1092 毫米　1/16
印　　张 /	17.5	责任编辑 / 王玲玲
字　　数 /	412 千字	文案编辑 / 王玲玲
版　　次 /	2024 年 1 月第 2 版第 3 次印刷	责任校对 / 刘亚男
定　　价 /	55.00 元	责任印制 / 施胜娟

图书出现印装质量问题,请拨打售后服务热线,本社负责调换

前　　言

Java 是由 Sun Microsystems 公司于 1995 年 5 月推出的 Java 程序设计语言(以下简称 Java 语言)和 Java 平台的总称。用 Java 实现的 HotJava 浏览器(支持 Java Applet)显示了 Java 的魅力:跨平台、动态的 Web、Internet 计算,因此,Java 被广泛接受并推动了 Web 的迅速发展,并且 Java 技术也不断更新。2009 年 4 月 20 日,Oracle(甲骨文)公司收购 Sun 公司,Java 由此并归 Oracle 公司。

读者对象

本书是江苏省示范院校建设及院级精品课程建设的成果之一,是一本校企合作教材,同时也是一本"Java 轻松入门"的书。本书面向初、中级用户,按照工作任务由浅入深地阐述了如何运用 Java 语言编写计算机程序,以解决实际问题。本书构思科学、合理,语言表达清晰,可作为高职高专院校计算机及其他相关专业的程序设计类教材。

本书特色

(1)以任务为主线

与传统教材编排方式不同,本书内容的安排基于任务案例和项目。在具体任务的选取上,采用了实际的开发任务组织技术内容,选择与企业应用相近、实用性更强的内容,同时,也尽可能地提高任务的趣味性,并加强与日常生活中遇到的问题和现象的联系,从而帮助读者理解任务内容。

(2)以边讲边练为训练思路

在授课过程中,根据技能点进行内容划分,讲解后即可进行拓展练习,从而加深印象、提高学习效果。在有限的授课时间内,合理地将技能点的讲解与任务实施融合到一起,充分利用课时,在边讲边练的过程中,对 Java 的每一个技能点深刻理解,并能灵活运用。

(3)以动手能力为合格目标

在进行 Java 课程学习时,要敢于编码、乐于编码、大量编码,这样才能够达到熟练的程度;只有通过大量的、反复的动手实践,才能具备熟练、规范的编码和调试能力,具备真正实用的技能。

本书结构

本书选取典型的、学生熟悉的任务案例和项目作为载体,将教学内容设计为 Java 技术基础、Java 面向对象技术和 Java 技术进阶三个层次递进的阶段,每一阶段划分为若干个项目,各项目以 Java 重点技能点为主线组织教学任务,将 Java 开发实用技术、面向对象编程技术和数据库技术融合在工作任务中。

第一阶段　Java 技术基础。包含项目 1～3:了解 Java 环境的搭建方法,编写并运行第一个 Java 程序;掌握 Java 的基本语法和程序的三大结构——顺序、选择和循环;掌握 Java 中数组和字符串的使用方法,提高编程效率。学完这几个项目,就能够编写比较实用的小程序了。

第二阶段　Java 面向对象技术。包含项目 4～6:了解现实生活中对象和抽象中类的关系,掌握Java面向对象的核心内容,包括抽象和封装、继承、抽象类和抽象方法、接口等技能。面向对象的编程思想几乎贯穿程序员的编程生涯,因此,需领会其真谛。

第三阶段　Java技术进阶。包含项目7~10,通过对Java的常用类、Java的异常处理机制、连接和操作数据库技术、图形界面编程技术和事件处理机制的学习,能对Java语言的理解和应用有新的飞跃。同时,在每个阶段后设置与其内容相关的实训,以巩固所学知识,提高实践能力。

编写团队情况

本书由苏州健雄职业技术学院朱翠苗、庾佳主编,杨正校、吴伶琳、王明珠、金静梅担任副主编,创钛中科智能科技(苏州)有限公司周丽君参编。

联系方式

由于时间仓促,加之编者水平有限,书中疏漏之处难免,敬请广大读者批评指正,编者邮箱:yujia217@163.com。

编　者

目　　录

阶段一　Java 技术基础

项目 1　开发简单 Java 应用程序 3
  1.1　学习导航 3
  1.2　项目情境 3
  1.3　预备知识 4
    1.3.1　程序 4
    1.3.2　Java 技术平台的优势 4
    1.3.3　Java 技术平台的三大体系 6
  1.4　项目实施 6
  1.5　拓展练习 17
  1.6　项目小结 18

项目 2　Java 基本语法和程序结构 19
  2.1　学习导航 19
  2.2　项目情境 20
  2.3　预备知识 20
    2.3.1　标识符和关键字 20
    2.3.2　数据类型 20
    2.3.3　运算符 21
    2.3.4　基本程序结构 22
    2.3.5　跳转语句 22
  2.4　项目实施 22
  2.5　拓展练习 41
  2.6　项目小结 45

项目 3　数组和字符串的程序设计 46
  3.1　学习导航 46
  3.2　项目情境 46
  3.3　预备知识 46
    3.3.1　数组 46
    3.3.2　字符串 49
  3.4　项目实施 51
  3.5　拓展练习 58

| 3.6 项目小结 | 59 |

| 阶段实训一　万年历 | 60 |

阶段二　Java 面向对象技术

项目 4　类和对象 ... 79
- 4.1 学习导航 ... 79
- 4.2 项目情境 ... 79
- 4.3 预备知识 ... 80
  - 4.3.1 对象 ... 80
  - 4.3.2 类 ... 80
  - 4.3.3 类是对象的类型 ... 80
  - 4.3.4 面向对象的思想 ... 82
  - 4.3.5 Java 的访问修饰符 ... 82
  - 4.3.6 包 ... 83
- 4.4 项目实施 ... 84
- 4.5 拓展练习 ... 95
- 4.6 项目小结 ... 98

项目 5　面向对象的三大特性 ... 100
- 5.1 学习导航 ... 100
- 5.2 项目情境 ... 100
- 5.3 预备知识 ... 101
  - 5.3.1 封装 ... 101
  - 5.3.2 继承 ... 101
  - 5.3.3 多态 ... 102
- 5.4 项目实施 ... 102
- 5.5 拓展练习 ... 129
- 5.6 项目小结 ... 133

项目 6　接口 ... 134
- 6.1 学习导航 ... 134
- 6.2 项目情境 ... 134
- 6.3 预备知识 ... 135
  - 6.3.1 接口 ... 135
  - 6.3.2 接口的定义和实现 ... 136
  - 6.3.3 接口和抽象类的区别 ... 137
  - 6.3.4 修饰符 final ... 137
- 6.4 项目实施 ... 138
- 6.5 拓展练习 ... 133
- 6.6 项目小结 ... 152

阶段实训二　动物乐园 ·· 153

阶段三　Java 技术进阶

项目 7　Java 常用类 ·· 163
7.1　学习导航 ··· 163
7.2　项目情境 ··· 163
7.3　预备知识 ··· 164
7.3.1　Date 类 ·· 164
7.3.2　Math 类 ·· 165
7.3.3　集合框架 ·· 165
7.3.4　Applet 类 ·· 167
7.4　项目实施 ··· 168
7.5　拓展练习 ··· 182
7.6　项目小结 ··· 183

项目 8　异常 ·· 184
8.1　学习导航 ··· 184
8.2　项目情境 ··· 184
8.3　预备知识 ··· 185
8.3.1　程序中的异常 ·· 185
8.3.2　Java 的异常处理 ··· 187
8.3.3　异常的分类 ·· 188
8.4　项目实施 ··· 189
8.5　拓展练习 ··· 200
8.6　项目小结 ··· 203

项目 9　Java 数据库连接技术 ··· 204
9.1　学习导航 ··· 204
9.2　项目情境 ··· 204
9.3　预备知识 ··· 204
9.3.1　JDBC 介绍 ·· 204
9.3.2　JDBC API 介绍 ·· 205
9.3.3　JDBC 访问数据库的步骤 ··· 206
9.4　项目实施 ··· 207
9.5　拓展练习 ··· 218
9.6　项目小结 ··· 219

项目 10　图形用户界面设计 ·· 220
10.1　学习导航 ··· 220
10.2　项目情境 ··· 221
10.3　预备知识 ··· 221

  10.3.1 AWT 与 Swing ……………………………………………………………… 221
  10.3.2 Swing 的顶级容器 ……………………………………………………… 222
  10.3.3 Swing 的中间容器 ……………………………………………………… 222
  10.3.4 Swing 的基本组件 ……………………………………………………… 223
  10.3.5 布局方式 …………………………………………………………………… 228
  10.3.6 事件处理 …………………………………………………………………… 229
 10.4 项目实施 ……………………………………………………………………………… 231
 10.5 拓展练习 ……………………………………………………………………………… 262
 10.6 项目小结 ……………………………………………………………………………… 263
阶段实训三　学生管理系统 ……………………………………………………………… 264
拓展练习参考答案(选择题) ……………………………………………………………… 272

阶段一　Java 技术基础

　　这是 Java 的入门阶段,主要学习 Java 的基础语法。本阶段由搭建 Java 环境、Java 基本语法、三大程序结构、数组和字符串五个方面构成,贯穿了大量生活实例,同时,采用任务驱动的方式组织学习内容。通过这一阶段的学习,会发现 Java 语言简洁、明快,并能够编写比较实用的小程序来解决生活中的问题。

项目 1
开发简单 Java 应用程序

Java 语言是目前国内外使用最为广泛的程序设计语言之一，它具有功能丰富、表达能力强、使用灵活方便、执行效率高、跨平台等优点，几乎应用于所有领域。Java 程序开发的前提是安装 JDK 并配置环境变量，搭建开发环境。

本项目首先介绍 Java 开发环境的搭建，然后通过简单的实例程序介绍 Java 项目的搭建、程序的编写和运行方式。

1.1 学习导航

☆ **工作任务**：

任务 1　搭建 Java 环境
　　任务 1.1　下载并安装 JDK
　　任务 1.2　配置环境变量
　　任务 1.3　下载并使用 Eclipse
任务 2　编写简单的 Java 程序
　　任务 2.1　在控制台输出指定字符串
　　任务 2.2　在控制台按指定格式输出成绩单

☆ **技能目标**：

(1) 能够搭建 Java 环境。
(2) 熟悉 Eclipse 开发环境。
(3) 会创建和管理 Java 项目。
(4) 熟悉 Eclipse 开发 Java 程序的步骤。

1.2 项目情境

平时所熟悉的网络游戏(魔兽世界、传奇)、聊天工具(QQ、微信)、播放器(RealPlayer、Windows Media Player)等都称为计算机程序。那么，如何编制程序才能让计算机按照要求完成相应指令呢？

1.3 预备知识

1.3.1 程序

程序设计看似高深,其实它和每个人日常活动相似。简单地说,程序可以看作对一系列动作的执行过程的描述。以"取钱"为例,如图 1-1 所示。从图中可以看出,去银行取钱可以分成 6 步:首先要带上存折或银行卡去银行进行取号排队,轮到自己时,将存折或银行卡递给银行职员,并告知取款的数额,输入密码,等待银行职员办理取款事宜后,就可以拿到钱并离开银行了。"取钱"过程是一个形式非常简单的程序,实际上,这个过程也可能变得复杂。例如,轮到取款时,发现带的是另外一个银行的储蓄卡,就需要回家取卡,再次排队,这样就出现了重复性的动作,步骤也会相应增加。

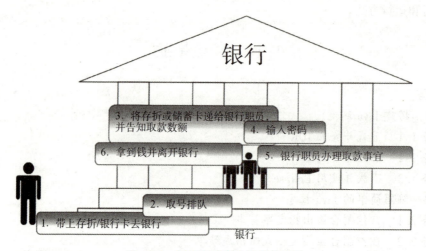

图 1-1 银行取钱事务的简单过程

使用计算机就是为了利用计算机处理各种问题。但是,计算机不会自己思考,因此要明确告诉它做什么工作,以及做哪几步才能完成这个工作。计算机程序执行的整个过程是怎样的呢?计算机要完成一件分配给它的任务,比如"取钱",必须按照指定的命令去做,这样才能完成预定工作。这里,所下达的每个命令称为指令,它对应着计算机执行的一个基本动作。

程序(Program)是为实现特定目标或解决特定问题而用计算机语言编写的命令序列的集合,为实现预期目的而进行操作的一系列语句和指令。程序一般分为系统程序和应用程序两大类。

1.3.2 Java 技术平台的优势

在当前的软件开发行业中,Java 已经成为绝对的主流,有人说掌握了 Java 语言就号准了软件开发的主脉。2009 年 4 月 20 日,Oracle 公司以 74 亿美元收购 Sun 公司,取得 Java 的版权。从此,Java 的图标诞生,如图 1-2 所示。

图1-2 Java图标

Java语言最大的优点是它的跨平台性,一次编写,到处运行,能始终如一地在任何平台上运行,使得系统的移植、平台的迁移变得十分容易。它的其他优点如下。

1. 简单易学

Java语言的语法与C语言和C++语言很接近,使得大多数程序员很容易学习和使用Java。另外,Java丢弃了C++中很少使用的、很难理解的、令人迷惑的那些特性,如操作符重载、多继承、自动的强制类型转换。特别地,Java语言不使用指针,并提供了自动的废料收集,使得程序员不必为内存管理而担忧,是很容易学习的。

2. 面向对象

Java语言提供类、接口和继承等原语,为简单起见,只支持类之间的单继承,但支持接口之间的多继承,并支持类与接口之间的实现机制。Java语言全面支持动态绑定,而C++语言只对虚函数使用动态绑定。Java语言是一个纯的面向对象程序设计语言。

3. 安全性

Java语言不支持指针,只有通过对象的实例才能访问内存,使应用更加安全。

4. 可移植性

这种可移植性来源于体系结构的中立性。Java还严格规定了各个基本数据类型的长度。Java系统本身也具有很强的可移植性,Java编译器是用Java实现的,Java的运行环境是用ANSIC实现的。对对象技术的全面支持和平台内嵌的API使得Java应用具有无比的健壮性和可靠性,这也减少了应用系统的维护费用。

5. 解释型

Java程序在Java平台上被编译为字节码格式,可以在实现这个Java平台的任何系统中运行。在运行时,Java平台中的Java解释器对这些字节码进行解释执行,执行过程中需要的类在连接阶段被载入运行环境中。

6. 高性能

与那些解释型的高级脚本语言相比,Java的确是高性能的。事实上,Java的运行速度随着JIT(Just-In-Time)编译器技术的发展越来越接近于C++。

7. 多线程

在Java语言中,线程是一种特殊的对象,它必须由Thread类或其子(孙)类来创建。线程的活动由一组方法来控制。Java语言支持多个线程的同时执行,并提供多线程之间的同步机制(关键字为synchronized)。

1.3.3 Java 技术平台的三大体系

1. Java SE(J2SE)(Java 2 Platform Standard Edition,Java 平台标准版)

Java SE 以前称为 J2SE。它允许开发和部署在桌面、服务器、嵌入式环境和实时环境中使用的 Java 应用程序。Java SE 包含了支持 Java Web 服务开发的类,并为 Java Platform、Enterprise Edition(Java EE)提供基础。

2. Java EE(J2EE)(Java 2 Platform Enterprise Edition,Java 平台企业版)

这个版本以前称为 J2EE。企业版本帮助开发和部署可移植、健壮、可伸缩且安全的服务器端 Java 应用程序。Java EE 是在 Java SE 的基础上构建的,它提供 Web 服务、组件模型、管理和通信 API,可以用来实现企业级的面向服务体系结构(Service – oriented Architecture,SOA)和 Web 2.0 应用程序。

3. Java ME(J2ME)(Java 2 Platform Micro Edition,Java 平台微型版)

这个版本以前称为 J2ME。Java ME 为在移动设备和嵌入式设备(比如手机、PDA、电视机顶盒和打印机)上运行的应用程序提供一个健壮且灵活的环境。Java ME 包括灵活的用户界面、健壮的安全模型、许多内置的网络协议,以及对可以动态下载的连网和离线应用程序的支持。基于 Java ME 规范的应用程序只需编写一次,就可以用于许多设备,而且可以利用每个设备的本机功能。

1.4 项目实施

任务 1 搭建 Java 环境

JDK 是 Java 开发工具包(Java Development Kit)的缩写。它是一种用于构建在 Java 平台上发布的应用程序、Applet 和组件的开发环境。JDK 是一切 Java 应用程序的基础,所有的 Java 应用程序都是构建在这个之上的。它是一组 API,也可以说是一些 Java 类,即 Java Class。

要成为 Java 程序员,JDK 是必不可少的工具。开发 Java 应用程序,必须提供 Java 的开发环境,即安装 JDK,并配置系统的环境变量。

搭建 Java 环境

任务 1.1 下载并安装 JDK

● 任务需求

JDK 是 Java 语言的软件开发工具包,主要用于移动设备、嵌入式设备上的 Java 应用程序。JDK 是整个 Java 开发的核心,它包含了 Java 的运行环境、Java 工具和 Java 基础的类库,需下载相应安装文件并成功安装后才能使用。

项目1 开发简单Java应用程序

● 任务实现

从 Oracle 公司的网站上免费下载 JDK，其地址是 http://www.oracle.com/technetwork/Java/Javase/downloads/index.htm。下载成功后，双击执行安装程序，一步步进行安装。安装过程可参考图 1-3 和图 1-4。

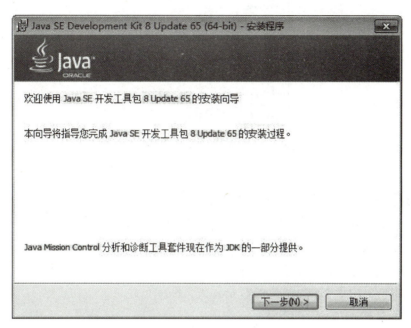

图 1-3　JDK 安装(1)

图 1-4　JDK 安装(2)

安装成功后，JDK 相应的目录结果如图 1-5 所示。

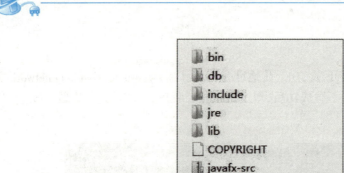

图1-5 JDK安装后的文件结构

● 任务解析

(1) JDK 的安装目录中,有些文件夹需要了解一下:

bin 文件夹:存放 Java 开发工具的可执行命令,如 java、javac 等。
db 文件夹:存放示例的相关数据文件。
include 文件夹:用于本地计算机的 C 语言头文件。
jre 文件夹:存放 Java 的运行环境。
lib 文件夹:存放 JDK 的开发类库。

(2) 作为 Java 开发的核心,JDK 常用的包有:

java.lang:这是系统的基础类,比如 String 等都是这里面的,这是唯一不用 import 引用就可以使用的包。
java.io:这里面是与所有输入/输出有关的类,比如文件操作等。
java.nio:为了完善 java.io 包中的功能,提高其性能而写的一个新包,例如,NIO 非堵塞应用。
java.net:这里面是与网络有关的类,比如 URL、URLConnection 等。
java.util:这是系统辅助类,特别是集合类 Collection、List、Map 等。
java.sql:这是数据库操作的类,如 Connection、Statement、ResultSet 等。
javax.servlet:这是 JSP、Servlet 等使用到的类。

任务1.2 配置环境变量

● 任务需求

下载并安装好 JDK 后,必须设置相应的系统环境变量,才可以编译和执行 Java 程序。

● 任务实现

首先,在桌面上右击"我的电脑",在弹出的快捷菜单中选择"属性"命令,在打开的"系统属性"对话框中单击"高级"选项卡,单击"环境变量"按钮。

然后设置两个环境变量 path 和 classpath。假设 JDK 的安装路径为默认的"C:\Program Files\Java\jdk1.8.0_65",则设置 path,在其变量值末尾添加完整路径:"C:\Program Files\Java\jdk1.8.0_65\bin;",同时设置 classpath,在其变量值末尾添加完整路径:"C:\Program Files\Java\jdk1.8.0_65\lib;"。如图 1-6~图 1-9 所示。

图 1-6　设置环境变量(1)

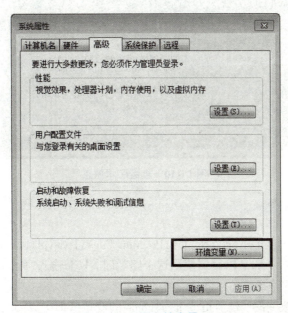

图 1-7　设置环境变量(2)

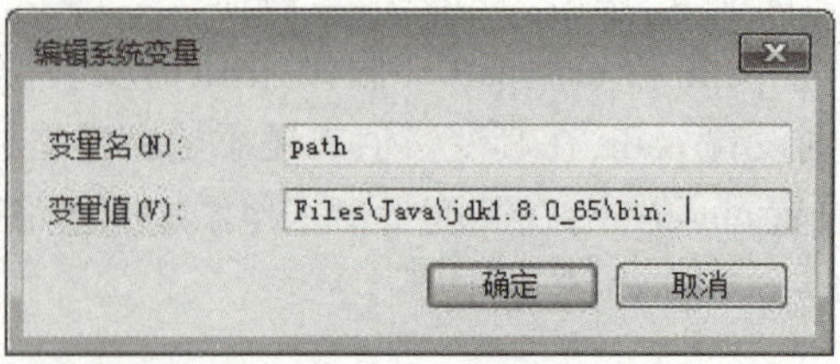

图1-8 设置环境变量(3)

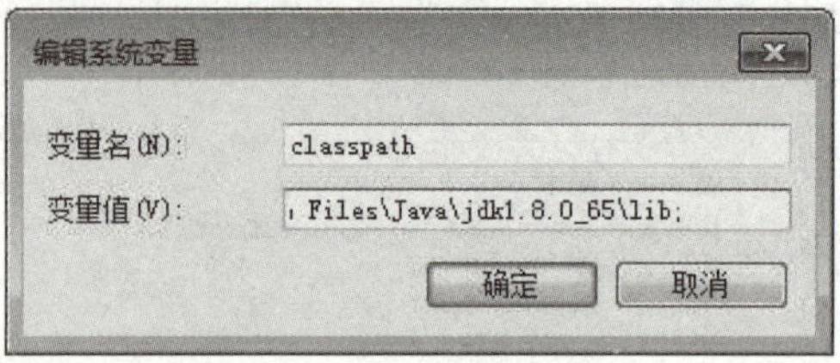

图1-9 设置环境变量(4)

环境变量设置好后,在 DOS 命令行中输入命令"javac",可查看到相关信息,如图1-10所示。

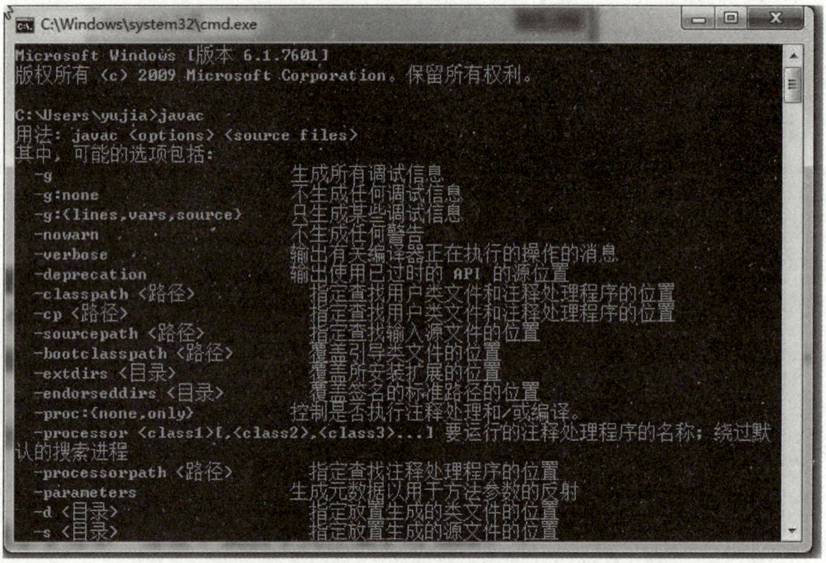

图1-10 查看版本信息

● 任务解析

为了方便引用,比如,JDK 安装在"C:\Program Files\Java\jdk1.8.0_65"目录里,则设置 java_home 为该目录路径,那么以后要使用这个路径时,只需输入"%java_home%"即可,避免每次引用都输入很长的路径串。

当 JDK 路径被迫改变时,仅需更改 java_home 的变量值即可。

项目1 开发简单Java应用程序

任务1.3 下载并使用 Eclipse

● 任 务 需 求

程序员在应用 Java 程序时,一般使用集成开发环境(IDE)来提高编程效率。目前主流的 Java 集成开发工具是 Eclipse。

● 任 务 实 现

首先从官网 http://www.Eclipse.org/中下载 Eclipse,它是一款绿色软件,下载后直接解压(图1-11)就可以使用。双击"Eclipse 应用程序",其工作主界面如图1-12所示。

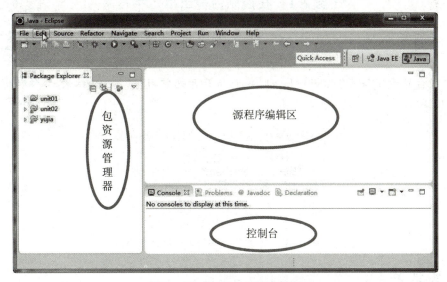

图1-11 Eclipse 解压后的目录结构

图1-12 Eclipse 工作主界面

● 任务解析

包资源管理器:可以把它理解为文件夹。在文件系统中,可利用文件夹将文件分类管理,在 Java 中,则使用包组织 Java 源文件。

源程序编辑区:在这里编写源程序。

控制台:在 Eclipse 中运行/调试(running/debugging)一个应用程序时,有关该应用程序的运行调试信息及日志信息都会输出到控制台(console)显示。也就是说,控制台是显示源程序运行结果的地方。

除了本教材使用的免费的、免安装的 Eclipse 软件外,Java 开发工具还有很多,比如:

(1)Jbuilder:Jbuilder 是一个可视化 Java 开发工具。它是在 Java2 平台上开发商业应用程序、数据库及发布程序的优秀工具。它支持 J2EE,所以程序员可以快速地转换企业版 Java 应用程序。

(2)NetBeans:NetBeans 由 Sun 公司(2009 年被 Oracle 公司收购)在 2000 年创立,它开放源代码,是开发人员和客户社区的家园,旨在构建世界级的 Java IDE。NetBeans 当前可以在 Solaris、Windows、Linux 和 Macintosh OS X 平台上进行开发,并在 SPL(Sun 公用许可)范围内使用。

(3)JCreator:JCreator 目前分为 JCreator Le 和 JCreator Pro 两个版本,其中 JCreator Le 为免费版,而 JCreator Pro 要注册。另外,JCreator Le 功能不及 JCreator Pro。JCreator 专业版是一款适合各个 Java 语言编程开发人员的 IDE 工具,它为使用者提供了大量强劲的功能,例如:项目管理、工程模板、代码完成、调试接口、高亮语法编辑、使用向导及完全可自定义的用户界面。

任务 2　编写简单的 Java 程序

编写基本的输出程序是开始编程的第一步。一个合格的程序可以没有输入,但必须有一个或多个输出。

任务 2.1　在控制台输出指定字符串

在控制台输出指定字符串

● 任务需求

在控制台显示字符串"你好!Java!我们今天开始学习!"。运行结果如图 1-13 所示。

图 1-13　显示指定字符串的运行结果

● 任务实现

第一步:创建一个 Java 项目

在 Eclipse 创建 Java 项目时,选择文件菜单"File",单击"New",选择"Java Project",同时为

新建的 Java 项目命名,如图 1-14 和图 1-15 所示。

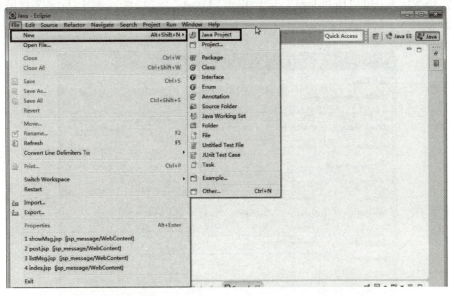

图 1-14　Eclipse 创建 Java 项目(1)

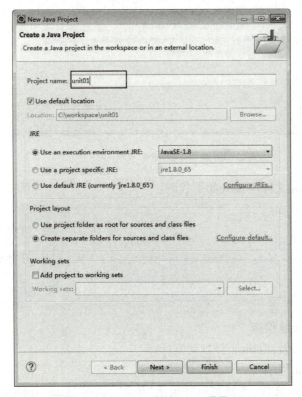

图 1-15　Eclipse 创建 Java 项目(2)

第二步:创建并编写 Java 源程序

在 Eclipse 中,选中刚才创建的项目"unit01",在弹出的快捷菜单中,选择新建类"Class",

在打开的"New Java Class"对话框中,填写包名,如本任务中的"task2";另外,在名称文本框中键入类名,如本任务中的"HelloJava",最后单击"Finish"按钮,就完成了 Java 文件的创建,如图 1-16所示。

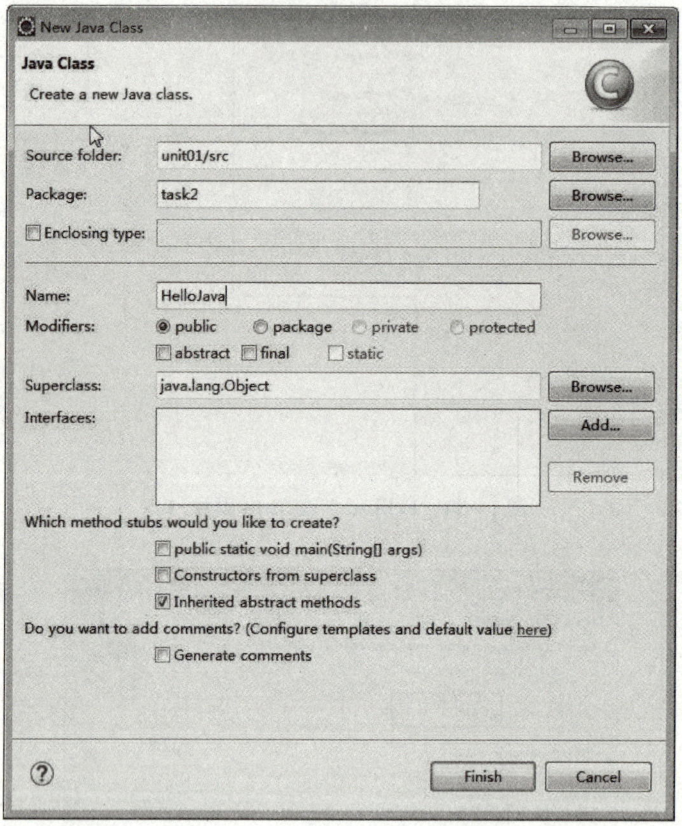

图 1-16 Eclipse 创建 Java 类

在刚刚新建的 Java 文件中输入如下代码:

```java
public class HelloJava {
    public static void main(String[] args) {
        System.out.println("你好! Java! 我们今天开始学习!");
    }
}
```

第三步:编译 Java 源程序

这一步不用手工来做,Eclipse 会自动编译。

第四步:运行 Java 程序

选中 HelloJava.java 文件,选择菜单并单击"Run",选择"Java Application"(或者单击工具栏中的运行箭头)。如果在控制台得到了想要的字符串,即如图 1-13 所示,则运行成功。

任务解析

Java 程序由类(class)组成,并且有且只有一个主类(public class),而且与文件同名。main()方法是程序的入口,是所有 Java 应用程序的起始点。注意,一个程序只能有一个 main()方法,而 main()方法前面的 public static void 和后面的小括号里的内容必不可少。System.out.println()是 Java 语言自带的功能,可以向控制台输出信息并换行。

接下来仔细分析该程序,如图 1-17 所示。

(1)程序框架:public class HelloJava{}。这里的类名是 HelloJava,它要和程序的文件名一模一样。类名前面要用 public(公共的)和 class(类)两个词修饰。类名后面跟一对大括号,属于这个类的代码都放在这对{}中间。

(2)main 方法的框架:public static void main(String[] args){}。main()方法是程序的入口,是所有 Java 应用程序的起始点。正如我们的房子,不管多大,有多少个房间,都要从门进入一样。注意:一个程序只能有一个 main()方法。main()方法前面使用 public、static、void 修饰是必需的,并且顺序不能变,中间用空格分离。另外,main 后面的小括号和其中的内容 String[] args 也必不可少。main()方法后面有一对大括号,将计算机执行的指令都写在里面。

(3)代码:System.out.println("你好!Java!我们开始学习!加油!");。这是一条语句。print 的含义是"打印",ln 可以看作是 line(行)的缩写,println 可以理解为打印一行。要实现向控制台打印的功能,前面要加上 System.out。在程序中,只要把需要输出的内容用英文引号引起来放在 println()中就可以了。若将这里的 println 改写成 print,则显示不会换行。

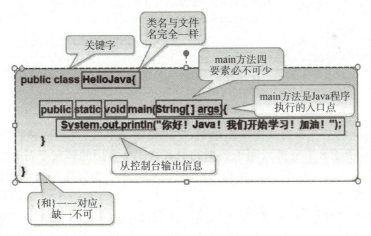

图 1-17 任务分析

任务2.2 在控制台按指定格式输出成绩单

任务需求

在控制台显示某学生的成绩单信息。运行结果如图 1-18 所示。

在控制台按指定格式输出成绩单

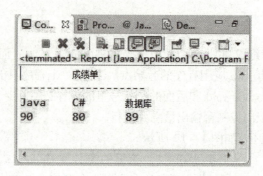

图1-18 制作成绩单的运行结果

● 任务实现

```
/*
*显示成绩单:转义字符的使用
*/
public class Report {
    public static void main(String[] args) {
        System.out.println("\t成绩单");           //"\t"是转义字符
        System.out.println("--------------------");
        System.out.println("Java \tC# \t数据库");
        System.out.println("90 \t80 \t89");
    }
}
```

● 任务解析

本程序的main()方法里有4条输出语句,"\t"是转义字符,将光标移到下一个水平制表位置(一个制表位等于8个空格),用于数据的对齐格式。常用的转义字符为"\n",是将光标移动到下一行的第一格。另外,可以使用"//"及"/＊…＊/"为程序添加单行或多行注释,便于程序的阅读和理解。

日常生活中大家都要学习普通话,目的是让不同地区的人之间更加容易沟通。编码规范就是程序世界中的"普通话",编码规范对程序员来说非常重要,有以下几个原因:

① 一个软件的生命周期中,80%的花费在于维护。
② 几乎没有任何一个软件,在其整个生命周期中,均由最初的开发人员来维护。
③ 编码规范可以改善软件的可读性,可以让程序员尽快且彻底地理解新的代码。
④ 如果将源码作为产品发布,就需要确认它是否被很好地打包并且清晰无误,如同已构建的其他任何产品。
⑤ 向不同的项目组或个人提供标准的代码格式。
⑥ 增加易读性。

一段好的代码不仅能够完成某项功能,还应遵守相应的规范。从开始就注意按照规范编

写代码,是成为一名优秀程序员的基本条件。在本项目中,请记住以下编码规范:

①一行只写一条语句。

②用{}括起来的部分通常表示程序的某一层次结构。"{"一般放在这一结构开始行的末尾,"}"与该结构的第一个字母对齐,并单独占一行。

③下一层次的语句或注释应该比高一层次的语句或注释缩进若干格后书写,使程序更加清晰,增加程序的可读性。

1.5 拓展练习

一、选择题

1. 选出在 Java 中有效的注释声明(　　)。(选两项)

A. //这是注释　　　B. */这是注释*/　　　C. /这是注释　　　D. /* 这是注释 */

2. 下面说法正确的是(　　)。(选两项)

A. Java 程序的 main( )方法必须写在类里面

B. Java 程序中可以有多个 main( )方法

C. Java 程序的类名必须与文件名一样

D. Java 程序的 main( )方法中如果只有一条语句,可以不用{}括起来

3. Java 源代码的扩展名为(　　)。

A. .txt　　　　　B. .class　　　　　C. .java　　　　　D. .doc

4. 在控制台显示消息的语句正确的是(　　)。

A. System.out.println(我是一个 Java 程序员了!);

B. System.Out.println("我是一个 Java 程序员了!");

C. system.out.println("我是一个 Java 程序员了!");

D. System.out.println("我是一个 Java 程序员了!");

5. 在 Eclipse 中,(　　)视图显示运行结果。

A. 包资源管理器　　B. 导航器　　　　　C. 控制台　　　　　D. 编辑区

二、编程题

1. 显示个人信息,运行结果如图 1-19 所示。

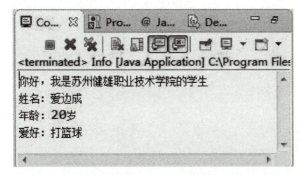

图 1-19　显示个人信息的运行结果

提示:可以通过使用多条 Java 中的 System.out.println( );语句来实现。

2. 制作购物清单,运行结果如图 1-20 所示。

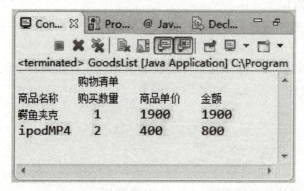

图 1-20　制作购物清单的运行结果

提示:使用 Java 中的转义字符"\t"。

1.6　项目小结

1. 程序是为了让计算机执行某种操作或解决某个问题而编写的一系列有序指令的集合。
2. 开发一个 Java 应用程序的基本步骤是:编写源程序、编译程序和运行程序。源程序以 .java 为后缀名,编译后生成的文件以 .class 为后缀名。
3. 编写 Java 程序要符合 Java 编程规范,为程序编写注释大大增加了程序的可读性。
4. Eclipse 是一个功能强大的集成开发环境。
5. 可以使用"//"及"/*…*/"为程序添加单行或多行注释,便于程序的阅读和理解。

项目 2
Java 基本语法和程序结构

Java 是一门高级程序语言,即与特定的对象(即计算机)进行沟通,告诉计算机它要做哪些事情。既然是语言,不可避免地要涉及"词汇"(变量、关键字、运算符等)、"段落"(指令集)、结构(顺序、选择和循环)等。

流程控制对任何一门编程语言都是非常重要的,它提供了控制程序的基本手段。如果没有流程控制语句,整个程序将按照线性顺序来执行,不能根据用户的输入来决定执行的顺序。

本项目从 Java 的基础讲起,通过使用程序设计的三大结构来完成具体任务,将 Java 基本语法讲解贯穿其中。

2.1 学习导航

☆ 工作任务:

  任务1 顺序结构程序设计
   任务1.1 学生信息的展示
   任务1.2 模拟商场抽奖
   任务1.3 数字加密器
  任务2 分支结构程序设计
   任务2.1 判断某年份是否为闰年
   任务2.2 购买旅游机票
   任务2.3 考试奖励
  任务3 循环结构程序设计
   任务3.1 累加器
   任务3.2 计算班级 Java 成绩的平均分
   任务3.3 打印 99 乘法表
   任务3.4 百钱买百鸡

☆ 技能目标:

  (1)掌握变量的概念并会使用常用数据类型。
  (2)会使用基本运算符,并会用键盘输入。
  (3)会使用 if、else、switch 等关键字进行选择结构的程序设计。
  (4)会使用 while、do – while、for 等关键字进行循环结构的程序设计。

2.2 项目情境

在生活中,人们行走时可以是直线行走;也可能会碰到路口,如三岔路口、十字路口等,此时必须做出选择;甚至参加跑步比赛,如围着操场跑10圈等,这其实就对应着程序设计中的程序结构,即顺序、选择和循环结构。采用结构化程序设计方法,程序结构清晰,易于阅读、测试、排错和修改。由于每个模块执行单一功能,模块间联系较少,使程序编写比过去更简单,程序更可靠,而且增加了可维护性,每个模块可以独立编制、测试。

2.3 预备知识

2.3.1 标识符和关键字

标识符是用户在编程时给类、变量、常量、方法(函数)等起的名字。Java 语言中的标识符是由字母、下划线、美元符号($)和数字组成的,但不能以数字开头,并且不能使用 Java 关键字。同时,程序员编程时应养成良好的编程习惯——标识符应具有一定的实际意义。如变量名 age、studentAge,常量名 PI,方法名 main()、showName(),包名 test、com.baidu,类名 Student、HelloWorld 等,都是符合常用命名规则的标识符。

关键字是 Java 语言中已经被赋予特定意义的单词,也称为保留字,对 Java 的编译器有特殊的作用,一般用来表示一种数据类型或者程序结构等。Java 语言规定关键字不能作为标识符。目前共有 50 个 Java 关键字,以后会慢慢学到。

2.3.2 数 据 类 型

Java 的数据类型分为基本数据类型和引用数据类型两种。其中基本数据类型分为四类八种。第一类:整型 byte、short、int、long;第二类:浮点型 float、double;第三类:逻辑型 boolean(它只有两个值可取:true、false);第四类:字符型 char。引用数据类型则分为:类、接口、数组和字符串。表 2-1 是常用的数据类型和说明。

表 2-1 常用数据类型说明

数据类型	说明	所占字节数
char (字符型)	用于存储单个字符 如:性别 '男' '女',电灯 '开' '关'	1/8(即 1 bit)
int (整型)	用于存储整数 如:一天的时间是 24 小时,一月份有 31 天	4
double (双精度)	用于存储小数 如:蒙牛早餐奶的价格 2.8 元,学生成绩是 90.5 分	8
boolean (布尔型)	用于存储判断结果,只有 true 或者 false 两种值 如:今天下雨了吗?是的。可以用 isRain = true 表示	1/8(即 1 bit)
String (字符串)	用于存储一串字符 如:"我在苏州健雄职业技术学院!","我会 Java 程序"	字符串长度
注意,当多种数据同时运算时,小可转大,但大转小会失去精度!		

2.3.3 运算符

运算符指明对操作数的运算方式。组成表达式的 Java 操作符有很多种。运算符按照其要求的操作数数目来分,可以有单目运算符、双目运算符和三目运算符(条件运算符),它们分别对应于 1 个、2 个、3 个操作数。运算符按其功能来分,有算术运算符(+、-、*、/、%、++、--)、赋值运算符(=、+=、-=、*=、\=、%=)、关系运算符(<、<=、>、>=、==、!=)、逻辑运算符(!、&&、||)、位运算符(&、|、^、~、<<、>>、>>>)和其他运算符。下面对常用的运算符进行说明。

1. 算术运算符

算术运算符也就是小学所学过的 +、-、*、/,还有取模运算符 %,取模运算符也就是求余的运算。值得注意的是,在 Java 中和在 C 语言中一样,整数和整数运算,结果是整数,如:7/3 的结果是 2,7%3 的结果是 1。递增运算符是 ++,递减运算符是 --,相当于递增就加 1,递减就减 1 的运算。运算形式:(递增)变量 ++,++ 变量;(递减)变量 --,-- 变量。也就是递增或递减既可放在变量的前面,也可以放在变量的后面。运算符 ++、-- 在前面的,就先运算前面的;在后面的,就后运算。

2. 关系运算符

在关系运算符中,最终得到的一定是布尔型中的真(true)或者假(false),不会有第三种值。

关系运算符包括:

== 等于:如果两个值相等,则返回真值。
!= 不等于:如果两个值不相等,则返回真值。
< 小于:如果左操作数的值小于右操作数的值,则返回真值。
> 大于:如果左操作数的值大于右操作数的值,则返回真值。
<= 小于等于:如果左操作数的值小于或等于右操作数的值,则返回真值。
>= 大于等于:如果左操作数的值大于或等于右操作数的值,则返回真值。

在计算机编程中,关系运算符是比较重要的一部分,它根据某个变量的值来执行特定的操作。

3. 赋值运算符

赋值运算符是将符号右边表达式的值赋给左边的变量,如 a = a + 3,是指将变量 a 的值加 3 得到的结果赋给变量 a;而符合赋值运算符 +=,如 a += 3,等价于 a = a + 3。-=、*=、\=、%= 依此类推。

4. 逻辑运算符

在逻辑运算符中,最后得到的值也是一个布尔类型的 true(真)或 false(假),包含 &&(与)、||(或)、!(非)三种运算符。非运算(!)表示否定,如:! true 等于 false、! false 等于 true、!2 等于 false、!0 等于 true;与运算(&&)前后两个条件都为真时,才返回 true,否则,返回 false;或运算(||)前后两个条件有一个为真时,返回 true,都为假时,返回 false。

5. 条件运算符

条件运算符也称为三元运算符。该运算符包括三个操作数,用于评估计算布尔表达式。此运算符的目标是确定哪些值应分配给该变量。如 max = a > b?a:b,是指判断 a > b 的结果,若为 true,max 变量被赋值为 a,否则,被赋值为 b。

2.3.4 基本程序结构

做任何事情都要遵循一定的原则。程序设计也是如此,需要有流程控制实现与用户的交流。控制结构的作用是控制程序中语句的执行顺序,它是结构化程序设计的关键。Java 语言中有三种基本的流程控制结构,即顺序结构、分支结构和循环结构。

顺序结构是三种结构中最简单的一种,即语句按照书写的顺序依次执行;分支结构又称为选择结构,它将根据计算或者输入的表达式的值来判断应该选择哪一个流程的分支;循环结构是在一定条件下反复执行一段语句的程序结构。这三种结构构成了程序局部模块的基本框架。

2.3.5 跳转语句

Java 支持三种形式的跳转:break(停止)、continue(继续)和 return(返回)。在分支和循环结构中,会根据实际情况有选择性地使用 break(停止)、continue(继续)语句。

break 语句用于跳出 switch( )语句,也可用于跳出循环。break 语句跳出 switch( )语句或循环后,会继续执行 switch( )语句或循环之后的代码(如果有的话)。

continue 语句的作用是跳过循环体中剩余的语句而强行执行下一次循环。continue 语句只用在 for、while、do - while 等循环体中,常与 if 条件语句一起使用,用来加速循环。

return 语句是将函数的值返回主调函数。

2.4 项目实施

任务 1 顺序结构程序设计

顺序结构是最简单的程序结构,也是最常用的程序结构,只要按照解决问题的顺序写出相应的语句即可,它的执行顺序是自上而下,依次执行。

任务 1.1 学生信息的展示

● **任务需求**

定义四个变量,分别表示学生的姓名、年龄、性别和入学成绩。要求用户从键盘输入自己的信息,并输出该学生信息。运行结果如图 2-1 所示。

学生信息的展示

项目2 Java基本语法和程序结构

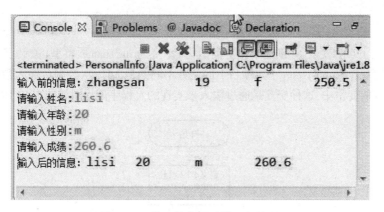

图 2-1 学生信息展示的运行结果

● 任 务 实 现

```java
import java.util.Scanner;
public class PersonalInfo {
    public static void main(String[] args) {
        String name = "zhangsan";
        int age = 19;
        char sex = 'f';
        double score = 250.5;

        System.out.println("输入前的信息:" + name + "\t" + age + "\t" + sex + "\t" + score);
        Scanner input = new Scanner(System.in);

        System.out.print("请输入姓名:");
        name = input.next();

        System.out.print("请输入年龄:");
        age = input.nextInt();

        System.out.print("请输入性别:");
        sex = input.next().charAt(0);

        System.out.print("请输入成绩:");
        score = input.nextDouble();

        System.out.println("输入后的信息:" + name + "\t" + age + "\t" + sex + "\t" + score);
    }
}
```

任务解析

本任务定义了 4 个变量,分别是字符串类型(关键字 String)name、整型(关键字 int)age、字符类型(char)sex 和实型(double)score。与项目 1 的任务不同的是,可以从控制台输入数据,然后把它存储在已经定义好的变量中,这种交互是通过输入来实现的。程序流程图如图 2-2 所示。

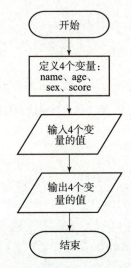

图 2-2　学生信息展示的流程图

首先使用语句:

```
Scanner input = new Scanner(System.in);
```

然后使用赋值语句:

```
name = input.next();
age = input.nextInt();
sex = input.next().charAt(0);
score = input.nextDouble();
```

需要注意的是,要使用输入这个功能,必须在 Java 源代码最开始写上如下语句来导入(import)相应的系统类或包(类似 C 语言中的 include):

```
import java.util.Scanner;
```

或者

```
import java.util.*;
```

流程图(Flow Chart):使用图形表示算法的思路是一种极好的方法,因为千言万语不如一张图。为便于识别,绘制流程图的习惯做法是:

①圆角矩形表示"开始"与"结束"。
②矩形表示行动方案、普通工作环节。

③菱形表示问题判断或判定(审核/审批/评审)环节。
④平行四边形表示输入、输出。
⑤箭头代表工作流方向。

任务1.2 模拟商场抽奖

模拟幸运抽奖

● 任务需求

商场推出幸运抽奖,抽奖的规则是:客户的四位会员卡号的各个位上的数字之和若大于15,则为幸运客户,有精美奖品送上。程序实现方式:输入会员卡号,输出卡号各个位上的数字之和。运行结果如图2-3所示。

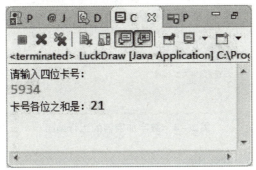

图2-3 模拟商场抽奖的运行结果

● 任务实现

```java
import java.util.Scanner;
public class LuckDraw {
    public static void main(String[] args) {
        int num,ge,shi,bai,qian,sum;
        Scanner input = new Scanner(System.in);
        System.out.println("请输入四位卡号:");
        num = input.nextInt();

        ge = num%10;
        shi = num/10%10;
        bai = num/100%10;
        qian = num/1000;
        sum = ge+shi+bai+qian;
        System.out.print("卡号各位之和是:"+sum);
    }
}
```

● 任务解析

本任务使用Scanner类接收用户从控制台输入的会员卡号,并保存在会员卡号的变量

(num)中,结合使用运算符"/"和"%"分解获得各个位上的数字。例如,int num = 1234,使用运算符%进行求余运算。num%10 结果为 4,即分解获得个位数字;而 num/10 的结果为 123,相当于去掉了个位,再进行相应的%运算即可分解获得各个位数的数字。

任务1.3 数字加密器

● 任务需求

实现一个数字加密器,加密规则是:加密结果 = (整数 * 10 + 5)/2 + 3.14159,加密结果仍为一整数。运行结果如图2-4所示。

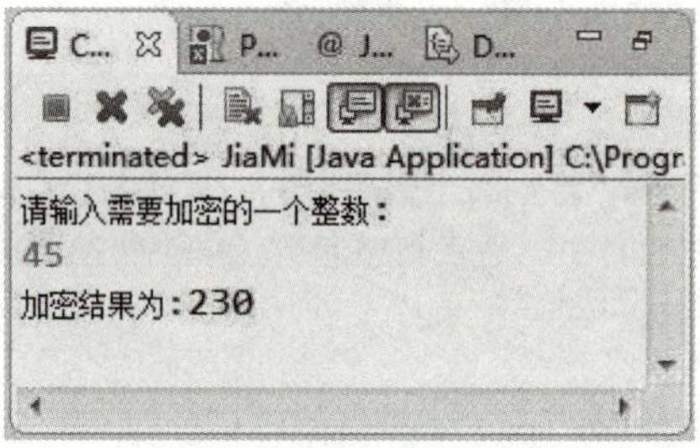

数字加密器

图 2-4 数字加密器的运行结果

● 任务实现

```java
import java.util.Scanner;
public class DigitalLocker {
    public static void main(String[] args) {
        int a;
        System.out.println("请输入需要加密的一个整数:");
        Scanner input = new Scanner(System.in);
        a = input.nextInt();
        a = (int)((a * 10 + 5)/2 + 3.14159);
        System.out.println("加密结果为:" + a);
    }
}
```

● 任务解析

本任务涉及数据类型转换。当不同数据类型进行运算时,运算结果是什么数据类型呢?数据类型转换分为自动数据类型转换和强制数据类型转换两种。

自动类型转换需要同时满足:两种类型要兼容且目标类型大于源类型,如 double 型可以存放 int 型数据,因此把自动数据类型转换形象地称为"放大转换"。

如果将 double 型变量赋给一个 int 型变量,系统不会完成自动转换,需要程序员进行强制转换,形式为:

(数据类型)表达式

例如,本任务中的整型变量 a = (int)((a * 10 + 5)/2 + 3.14159);,可以看出,由于强制类型转换往往是从宽度大的类型转换成宽度小的类型,使数值损失了精度(如 2.3 变成了 2,51.56 变成了 51),因此,可形象地称这种转换为"缩小转换"。

任务 2 分支结构程序设计

分支结构的程序设计方法的关键在于构造合适的分支条件和分析程序流程,根据不同的程序流程选择适当的分支语句。分支结构适用于带有逻辑或关系比较等条件判断的计算,设计这类程序时,往往都要先绘制其程序流程图,然后根据程序流程写出源程序,这样做把程序设计分析与语言分开,使问题简单化,易于理解。

任务 2.1 判断某年份是否为闰年

判断闰年

● 任务需求

从控制台输入一个整数作为年份,判断该年份是否为闰年。

判断的条件为:能被 4 整除但不能被 100 整除,或者能被 400 整除的数。运行结果如图 2-5 所示。

图 2-5 判断闰年的运行结果

● 任务实现

```java
import java.util.Scanner;
public class Year {
    public static void main(String[] args) {
        System.out.println("请输入年份:");
        Scanner in = new Scanner(System.in);
        int year = in.nextInt();
        if (year% 4 ==0&&year% 100! =0||year% 400 ==0){
            System.out.println(year + "是闰年");
        }
        else {
            System.out.println(year + "不是闰年");
        }
    }
}
```

● 任务解析

本任务的难点是判断条件 year%4==0&&year%100!=0||year%400==0 的确定。该条件是一个布尔型的结果,其中包含了逻辑和关系运算。程序流程如图2-6所示。

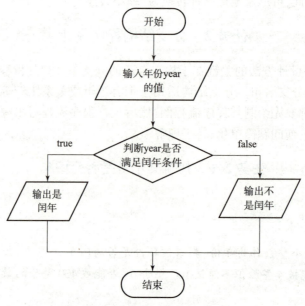

图 2-6 判断闰年的流程

if 语句存在三种形式,每种形式都需要使用布尔表达式。

形式1:只有当指定条件为 true 时,该语句才会执行代码。

```
if(条件){
  当条件为 true 时执行的代码
  }
```

形式2:当条件为 true 时,执行代码;当条件为 false 时,执行其他代码。

```
if(条件){
  当条件为 true 时执行的代码
  }
else{
  当条件不为 true 时执行的代码
  }
```

形式3:使用 if-else if-else 语句选择多个代码块之一来执行。

```
if(条件1){
  当条件1为 true 时执行的代码
  }
else if(条件2){
```

```
当条件 2 为 true 时执行的代码
    }
else{
当条件 1 和条件 2 都不为 true 时执行的代码
    }
```

当然,if 语句还可以根据实际情况选择其嵌套形式(在外部,if 或 else 语句中又嵌套一个 if-else结构)。在这种形式中,else 与离它最近的未配对的 if 配对。

无论采取什么形式,在任何时候,if 结构在执行时只能执行其中某一段代码,而不会同时执行两段,因为布尔表达式的值控制着程序执行流程只能走向某一个确定方向。

本任务实现方式有多种,这里是以最简单的 if-else 语句为例。除此以外,还可以将判断闰年的条件一一拆开,分别判断,用 if-else if-else if-else 或其嵌套来实现。如:

```
boolean leap;
if(year% 4! =0){
    leap = false;
}
else if(year% 100! =0){
    leap = true;
}
else if(year% 400! =0){
    leap = false;
}
else{
    leap = true;
}
if(leap ==true){
    System.out.println(year + "是闰年");
}
else{
    System.out.println(year + "不是闰年");
}
```

任务 2.2 购买旅游机票

购买旅游机票

● 任务需求

假设你打算去巴厘岛旅游,现在要购买机票。机票的价格受季节和舱位级别的影响。假设机票的原价为 5 000 元,2—8 月是旺季,旺季头等舱打 9 折,经济舱打 7 折;淡季是头等舱打 5 折,经济舱打 3 折。编写程序,使用分支结构,根据出行的月份和舱位输出折扣及实际的机票价格。运行结果如图 2-7 所示。

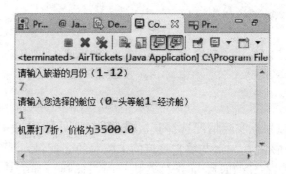

图2-7 购买机票

● 任务实现

```java
import java.util.Scanner;
public class AirTickets {
    public static void main(String[] args) {
        int month,cangWei,price =5000;
        Scanner input = new Scanner(System.in);
        System.out.println("请输入旅游的月份(1-12)");
        month = input.nextInt();
        System.out.println("请输入您选择的舱位(0-头等舱1-经济舱)");
        cangWei = input.nextInt();

        if (month >=2&&month <=8){
            if (cangWei ==0){
                System.out.println("机票打9折,价格为" +price*0.9);
            }
            else {
                System.out.println("机票打7折,价格为" +price*0.7);
            }
        }
        else {
            if (cangWei ==0){
                System.out.println("机票打5折,价格为" +price*0.5);
            }
            else {
                System.out.println("机票打3折,价格为" +price*0.3);
            }
        }
    }
}
```

项目2　Java基本语法和程序结构

●任务解析

本任务使用的是 if‐else 语句的嵌套。首先在外层的分支中判断出行的时间是淡季还是旺季，然后在内层的分支中判断舱位是头等舱还是经济舱，从而给出相应的折扣和价格。

本任务还可以将内外层的分支判断互换，也就是首先在外层的分支中判断舱位是头等舱还是经济舱，然后在内层的分支中判断出行的时间是淡季还是旺季，结果相同。

任务2.3　考试奖励

考试奖励

●任务需求

输入小明的考试成绩，显示所获奖励：

成绩==100分，爸爸给他买辆车
成绩>=90分，妈妈给他买Ipad
90分>成绩>=60分，妈妈给他买本参考书
成绩<60分，什么都不买

运行结果如图2-8所示。

图2-8　考试奖励

●任务实现

```java
import java.util.Scanner;
public class Reward {
    public static void main(String[] args) {
        int score;
        Scanner input = new Scanner(System.in);
        System.out.print("请输入小明的考试成绩:");
        score = input.nextInt();
        switch (score/10){
            case 10:   System.out.print("爸爸给他买辆车");
```

```
                    break ;
        case 9:     System.out.print("妈妈给他买Ipad");
                    break ;
        case 8:
        case 7:
        case 6:     System.out.print("妈妈给他买本参考书");
                    break ;
        default:    System.out.print("什么都不买");
        }
    }
}
```

- 任务解析

本任务是一个多分支的选择结构，使用开关语句switch来实现，代码比较规整。switch语句本质上与if语句相似，但它可以更简洁地实现多路选择。它提供了一种基于一个表达式的值来使程序执行不同部分的简单方法，使程序更易编写和阅读。switch语句的基本形式如下：

```
switch(表达式){
    case 常量表达式1:语句1; break;
    case 常量表达式2:语句2; break;
    …
    case 常量表达式n:语句n; break;
    default:语句;
}
```

switch 语句使用说明：

①switch 语句把表达式返回的值与每个 case 子句中的值相比，如果匹配成功，则执行该 case 子句后面的语句序列。

②case 分支中包括多个执行语句时，可以不用花括号{}括起。

③switch 语句的判断条件可以接受 int、byte、char、short，不能接受其他类型。

④一旦 case 匹配，就会顺序执行后面的程序代码，而不管后面的 case 是否匹配，直到遇见 break，利用这一特性可以让几个 case 执行统一语句。

⑤default，如果没有符合的 case，就执行它。default 并不是必需的。

任务3 循环结构程序设计

循环结构可以减少源程序重复书写的工作量，用来描述重复执行某段算法的问题，这是程序设计中最能发挥计算机特长的程序结构。循环结构可以看成是一个条件判断语句和一个向

项目2 Java基本语法和程序结构

回转向的语句组合。另外,循环结构的三个要素为循环变量、循环体和循环终止条件。循环结构在程序流程图中是利用判断框来表示的,判断框内写上条件,两个出口分别对应着条件成立和条件不成立时所执行的不同指令,其中一个要指向循环体,然后再从循环体回到判断框的入口处。

任务3.1　累加器

累加器

● 任务需求

从控制台输入一个整数 n,计算 $1+2+3+\cdots+n$ 的结果。运行结果如图2-9所示。

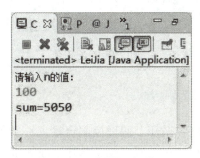

图2-9　累加器运行结果

● 任务实现

本任务是循环结构中最常引用的一个例子,这里使用 while、do-while 和 for 三种语句来实现。

1. while 语句的实现

```java
import java.util.Scanner;
public class Accumulator {
    public static void main(String[] args) {
        int i = 1, sum = 0, n;
        Scanner input = new Scanner(System.in);
        System.out.println("请输入 n 的值:");
        n = input.nextInt();
        while (i <= n) {
            sum = sum + i;
            i++;
        }
        System.out.println("sum = " + sum);
    }
}
```

2. do – while 语句的实现

整个程序大体不变,只是将 while 语句改写成:

```
do {
      sum = sum + i;
      i ++;
} while (i <= n);
```

3. for 语句的实现

整个程序大体不变,只是将 do – while 语句改写成:

```
for (i = 1; i <= n; i ++) {
    sum = sum + i;
}
```

● 任务解析

本任务通过变量 i 的值控制着循环。假设控制台输入 n 的值为 100, i 的初值从 1 变化到 100,每次增 1,都满足循环条件 i <= n,所以循环体中 sum = sum + i; 执行 100 次,即完成了累加,直到 i = 101 时,循环条件不满足,跳出循环,执行输出。具体分析如下:

当 i = 1 时,循环条件 i <= n 即 1 <= 100 成立,第一次进入循环体: sum = 1; i = 2;

当 i = 2 时,循环条件 i <= n 即 2 <= 100 成立,第二次进入循环体: sum = 1 + 2; i = 3;

当 i = 3 时,循环条件 i <= n 即 3 <= 100 成立,第三次进入循环体: sum = 1 + 2 + 3; i = 4;

……

当 i = 100 时,循环条件 i <= n 即 100 <= 100 成立,第 100 次进入循环体: sum = 1 + 2 + 3 + … + 100; i = 101;

当 i = 101 时,循环条件 i <= n 即 101 <= 100 不成立,跳出循环体,输出 sum,即 1 + 2 + 3 + … + n(n 为假设的 100)。

循环结构由循环条件和循环操作(循环体)构成。只要满足循环条件,循环操作就会反复执行。循环有三种语句,即本任务的三种实现: while、do – while 和 for 语句。其中 while 和 for 语句是当型循环:先判断所给循环条件是否成立,若成立,则执行循环体;再判断循环条件是否成立,若成立,则又执行循环体。如此反复,直到某一次循环条件不成立时为止。其流程如图 2 – 10 所示。

do – while 是直到型循环:先执行循环体,再判断所给循环条件是否成立,若循环条件成立,则再执行循环体。如此反复,直到循环条件不成立,该循环过程结束。其流程如图 2 – 11 所示。

项目2 Java基本语法和程序结构

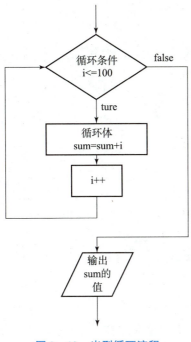

图2-10 当型循环流程

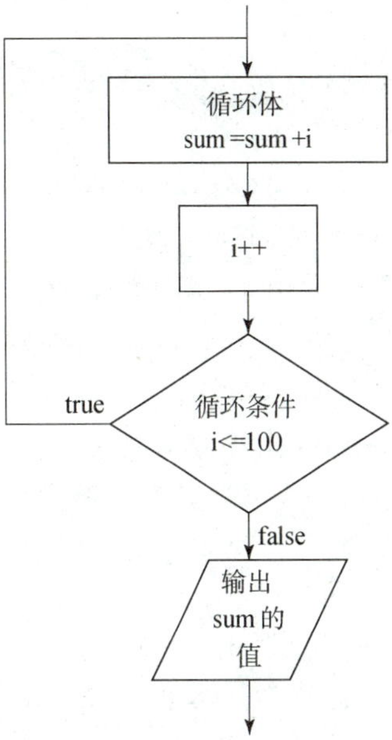

图2-11 直到型循环流程

任务3.2 计算班级Java成绩的平均分

计算班级平均成绩

● 任务需求

输入班级n(用户确定)名学生的Java成绩,求其平均分。运行结果如图2-12所示。

图2-12 计算班级Java成绩的平均分的运行结果

- 35 -

● 任务实现

```java
import java.util.Scanner;
public class JavaAvg{
    public static void main(String[] args){
        int i =1,n;
        double score,avg,sum =0;
        Scanner input = new Scanner(System.in );
        System.out.println("输入学员人数:");
        n = input.nextInt();
        while (i<=n){
            System.out.print("输入第" + i + "位学员的分数:");
            score = input.nextDouble();
            sum += score;
            i ++;
        }
        avg = sum/n;
        System.out.println("输出平均分为:" + avg);
    }
}
```

● 任务解析

本任务的实现与任务3.1相似,使用i作为循环的控制变量,初始值为1,变化到n,循环n次,即循环条件是i<=n,循环体是输入学员的成绩和总分的计算,当n增加到n+1时,跳出循环,进行平均分的计算和输出。

若将需求稍做变化:输入一个班级的Java成绩,直到输入0表示结束,求平均分。该如何实现呢？会发现是否再次进入循环体取决于输入的成绩,即循环体的操作,此时使用直到型循环会更合适。其实现代码如下:

```java
import java.util.Scanner;
public class JavaAvg2{
    public static void main(String[] args){
        double score =0.0,avg =0.0,sum =0.0;
        int i =0;
        Scanner s = new Scanner(System.in );
        do
        {
            System.out.println("请输入第" + (i +1) + "同学的成绩(输入0代表退出):");
```

```
        score = s.nextDouble();
        if(score>0)sum+=score;
        i++;
    }while(score!=0);
    avg=sum/(i-1);    //学生人数要减去最后一个无效输入
    System.out.println("平均分:"+avg);
    }
}
```

本程序中学生的人数由 i 来控制, i 的初值取的是 0, 进入循环体后会自增。当退出循环体, 计算平均成绩时, 学生人数应该为 i−1, 即去掉最后一位输入成绩为 0 的学生。

任务3.3 打印99乘法表

打印99乘法表

● 任务需求

运行结果如图 2−13 所示。

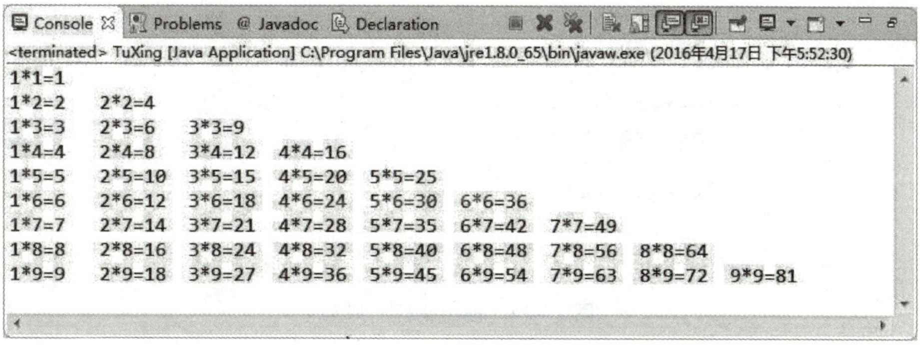

图 2−13 打印99乘法表

● 任务实现

```
public class Table99{
    public static void main(String[] args){
        int i,j;
        for(j=1;j<=9;j++){    //外循环控制行数
            for(i=1;i<=j;i++){
                System.out.print(i+"*"+j+"="+(i*j)+"\t");
//内循环控制每行的显示
            }
            System.out.println();
        }
    }
}
```

● **任务解析**

本任务看似复杂,其实不难,可将任务分解。

① 先使用 for 语句实现一行 9 个 *,并将光标移至 9 个 * 的下一行。

```
int i;
for(i=1;i<=9;i++){
    System.out.print("*");
}
System.out.println();
```

② 将上述实现作为循环体,在外层添加另一个循环,实现 9 行中每行 9 个 * 规则图形的输出,如图 2-14 所示。

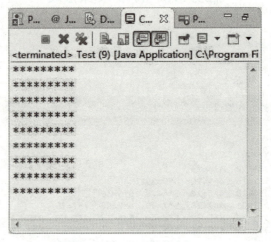

图 2-14 输出 9 行 9 列 *

```
int i,j;
for(j=1;j<=9;j++){
    for(i=1;i<=9;i++){
        System.out.print("*");
    }
    System.out.println();
}
```

内循环,控制每行的显示,即 9 个 *

外循环,控制总行数,即 9 行

③ 将上述代码的内循环修改为 for(i=1;i<=j;i++),就可显示一个直角三角形,如图 2-15 所示。

④ 将内循环的循环体输出语句的 * 更改为 i+" * "+j+" = "+(i*j)+"\t"即可。

项目2 Java基本语法和程序结构

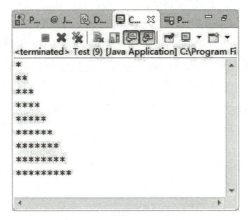

图2-15 输出直角三角形

任务3.4 百钱买百鸡

● 任务需求

百鸡问题是一个数学问题,出自中国古代5—6世纪成书的《张邱建算经》,是原书卷下第38题,也是全书的最后一题,该问题导致三元不定方程组,其重要之处在于开创了"一问多答"的先例。鸡翁一值钱五,鸡母一值钱三,鸡雏三值钱一。百钱买百鸡,问鸡翁、鸡母、鸡雏各几何?

● 任务实现

```java
public class BuyChickens{
    public static void main(String[] args){
        int x,y,z;
        int n=0;
        for(x=1;x<=20;x++)
            for(y=1;y<=33;y++)
                for(z=3;z<=100;z=z+3){
                    if((x+y+z==100)&&(5*x+3*y+z/3==100)){
                        System.out.println("鸡翁:"+x+",鸡母:"+y+",鸡雏:"+z);
                        n++;
                    }
                }
        System.out.println("共有"+n+"种解法。");
    }
}
```

- 39 -

任务解析

本任务使用了穷举的设计思路:穷举法的基本思想是根据题目的部分条件确定答案的大致范围,并在此范围内对所有可能的情况逐一验证,直到全部情况验证完毕。若某个情况验证符合题目的全部条件,则为本问题的一个解;若全部情况验证后都不符合题目的全部条件,则本题无解。穷举法也称为枚举法,其具体实现使用了三重循环:

最外层循环 x 控制的是鸡翁的可能范围 1~20,至少一只,最多 100 钱全买鸡翁,100/5 = 20,每次增加 1 只。

中间层循环 y 控制的是鸡母的可能范围 1~33,至少一只,最多 100 钱全买鸡母,100/3 = 33,每次增加 1 只。

内层循环 z 控制的是鸡雏的可能范围 3~100,至少三只,最多 100 钱买鸡雏 100 只,且每次增加 3 只。

循环体里通过判断条件(x + y + z == 100)&&(5 * x + 3 * y + z/3 == 100)可得出符合条件的所有解。整个程序的循环体执行次数为:外循环总次数 * 中循环总次数 * 内循环总次数,即 20 × 33 × 33 次。运行结果如图 2 – 16 所示。

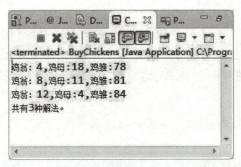

图 2 – 16　百钱买百鸡

本程序还有另外一种实现方式,总体思路不变,只是将鸡雏的只数确定为 100 – x – y,则三重循环可简化为二重循环实现,提高程序的运行效率,运行结果不变。

```
for (x = 1;x <= 20;x ++)
    for (y = 1;y <= 33;y ++){
        z = 100 - x - y;
        if ((5 * x + 3 * y + z/3 ==100)){
            System.out.println("鸡翁:" + x + ",鸡母:" + y + ",鸡雏:" + z);
            n ++;
        }
    }
```

2.5 拓展练习

一、选择题

1. 为一个 boolean 类型的变量赋值时,可以使用(　　)方式。
   A. boolean a = 1;　　　　　　　　　　B. boolean a = (3 <= 4);
   C. boolean a = "真";　　　　　　　　　D. boolean a == false;

2. 编译运行如下 Java 代码,输出结果是(　　)。

```
public class Test{
    public static void main(String[] args){
        int num = 5;
        if(num <= 5){
            num += 2;
            System.out.println(num);
        }
        System.out.println(num + 5);
    }
}
```

   A. 10　　　　　　B. 5　10　　　　　　C. 7　12　　　　　　D. 运行出错

3. 在程序流程图中,下面说法正确的是(　　)。
   A. "菱形"表示计算步骤/处理符号　　　　B. "长方形"表示程序的开始和结束
   C. "圆角长方形"表示判断和分支　　　　D. "平行四边形"表示输入/输出指令

4. 执行下列程序段后,b,x,y 的值是(　　)。

```
int x = 6, y = 8;
boolean b;
b = x < y || ++x == --y;
```

   A. true,6,8　　　B. false,7,7　　　C. true,7,7　　　D. false,6,8

5. 在 Java 中,int 数据类型所占的位数为(　　)。
   A. 8　　　　　　B. 16　　　　　　C. 32　　　　　　D. 64

6. 下列选项中属于非法标识符的是(　　)。
   A. 2variable　　　B. Variable2　　　C. _what　　　D. b3_

7. 以下给出的数据类型中,不属于 Java 语言的数据类型的是(　　)。
   A. byte　　　　　B. short　　　　　C. Integer　　　　D. char

8. 以下说法正确的是(　　)。
   A. 如果 while 循环的循环条件始终为 true,则一定会出现死循环
   B. 程序调试时加入断点会改变程序执行流程
   C. do-while 循环的循环体至少无条件执行一次
   D. do-while 语句构成的循环不能用其他语句构成的循环来代替

9. 以下代码的输出结果是(　　)。

```
int a = 0;
while(a < 5){
    switch(a){
        case  0:
        case  3:  a = a + 2;
        case  1:
        case  2:  a = a + 3;
    }
}
System.out.print(a);
```

A. 0　　　　　　　　B. 5　　　　　　　　C. 10　　　　　　　　D. 其他

10. 以下代码的输出结果是(　　)。

```
public static void main(String[] args){
    for(int i = 1; i <= 10; i++){
        if(i % 2 == 0 || i % 5 == 0){
            continue;
        }
        System.out.print(i + " \t");
    }
}
```

A. 1　　　　　　　　　　　　　　　　B. 1　3　4
C. 1　3　5　7　9　　　　　　　　　　D. 1　3　7　9

二、编程题

1. 公司为员工提供了基本工资、物价津贴及房租津贴。其中,物价津贴为基本工资的40%,房租津贴为工资的25%。要求:从控制台输入基本工资,并计算输出实领工资,结果如图2-17所示。

图2-17　输出结果

提示：声明变量,分别用来保存基本工资、物价津贴、房租津贴和实领工资。

根据公式计算各变量的值,其中实领工资 = 基本工资 + 物价津贴 + 房租津贴。

2. 张三左右手分别拿两张扑克牌,现在交换手中的牌。用程序模拟这一过程。两个整数分别保存在两个变量中,将这两个变量的值互换,并打印出互换后的结果。运行结果如图 2 - 18 所示。

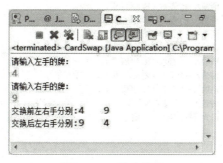

图 2 - 18   输出结果

提示：互换两个变量的值需要借助第三个变量。前两个变量用来存储两个整数,第三个变量用来做中间变量(一般以 temp 为名),借助这个中间变量,将两个变量值进行互换。

3. 将任务 1.2 模拟商场抽奖进行优化,要求先判断客户输入的卡号是否满足 4 位的要求,如满足,则进行抽奖,若不满足,则提示"输入的卡号错误!"。

4. 模拟冬天上学出门前查看天气是否下雨或下雪。若下雨,要穿雨鞋和带把伞,若没下雨,则要看是否下雪,下雪了要戴顶帽子,没下雪要系好围巾,最后去上学。运行结果如图 2 - 19 所示。

图 2 - 19   输出结果

5. 使用 switch 选择结构实现任务 2.2 购买旅游机票,根据出现的月份和选择的舱位输出实际的机票价格。

6. 假设某学院 2004 年培养学员 1 000 人,每年增长 15%,请问按此增长速度,到哪一年培训学员人数将达到 5 000 人?

7. 编程计算 1 ~ 50 中是 7 的倍数的数值之和。要求使用 while、do - while 和 for 三种语句来实现。

8. 输入一批整数,输出其中的最大值和最小值,输入数字 0 表示结束。运行结果如图 2 - 20 所示。

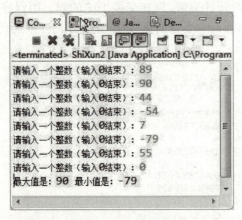

图 2 - 20 输出结果

9. 从键盘输入一位整数,当输入 1 ~ 7 时,显示对应的英文星期名称的缩写;输入其他数字时,提示用户重新输入;输入数字 0 时,程序结束。运行结果如图 2 - 21 所示。

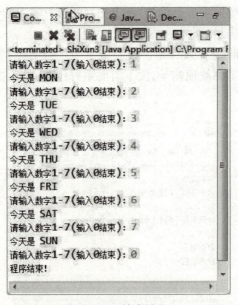

图 2 - 21 输出结果

10. 在马克思手稿中有一道趣味的数学问题:一共有 30 个人,包括男人、女人和小孩,他们在一家饭店吃饭共花了 50 先令,每个男人花 3 先令,每个女人花 2 先令,每个小孩花 1 先令;问男人、女人和小孩各有几人? 编程,输出全部可能的答案。

11. 从控制台输入直角三角形的行数,每行 * 的输入为 1、3、5、7 等,如图 2 - 22 所示。

12. 输入行数,输出倒直角三角形。运行结果如图 2 - 23 所示。

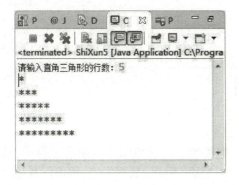

图 2-22 输出结果

图 2-23 输出结果

2.6 项目小结

1. 变量是一个数据存储空间的表示,它是存储数据的基本单元,变量要先声明并赋值,然后才能使用。

2. Java 提供 Scanner 类可以实现从控制台获取键盘输入的信息。

3. Java 中使用布尔型表示真假。布尔型的两个值为 true 和 false。

4. Java 中的 if 选择结构,包括以下形式:

基本 if 选择结构:可以处理单一或组合条件的情况。

if-else 选择结构:可以处理简单的条件分支情况。

多重 if 选择结构:可以处理复杂的条件分支情况。

5. 在条件判断是等值判断的情况下,可以使用 switch 选择结构代替多重 if 选择结构。在使用 switch 选择结构时,不要忘记每个 case 的最后写上 break 语句,否则语义会发出变化。

6. 使用循环解决问题的步骤:分析循环条件和循环操作。套用循环的语法写出代码,检查循环能否退出。

7. while 和 for 循环的特点是先判断,后执行;do-while 循环的特点是先执行,再判断。

8. 在循环中,可以使用 break 和 continue 语句控制程序的流程。

项目 3
数组和字符串的程序设计

数组和字符串是程序设计中使用较多的数据类型。合理地使用数组和字符串,会简化程序设计、提高编程效率。Java 中的数组和字符串是复合(引用)数据类型,因而同其他语言中使用的数组和字符串有较大的区别。本章分别介绍数组和字符串的基本知识,结合具体实例,阐述了两种数据类型的具体使用方法。

3.1 学习导航

☆ **工作任务**:
任务 1　利用数组实现学生成绩的处理
任务 2　输入 5 种水果的英文名字,将它们按字母顺序排列输出
任务 3　计算一个班级每个学生期末成绩的平均分
任务 4　输入用户的身份证号,取出用户的出生日期
任务 5　密码验证

☆ **技能目标**:
(1)掌握数组定义及初始化。
(2)能利用数组解决实际问题。
(3)能利用字符串的各种方法解决实际问题。

3.2 项目情境

数组是 Java 编程语言的重要语法,使用数组可以解决很多问题。当定义一个变量时,可以使用一个变量名表示,但是如果出现很多的变量,分别起变量名代替表示存储就比较麻烦了。为了解决这样的问题,采用数组的形式表示存储,使用下标表示每个变量。生活中使用数组可以使商品的分类清楚明了,以便于管理,数组也一样,其存储相同类型的一类数据。

字符串或串(String)是由零个或多个字符组成的有限序列。它是编程语言中表示文本的数据类型。本项目主要介绍 Java 编程语言中的字符串。

3.3 预备知识

3.3.1 数组

数组是相同类型变量的集合,这些变量具有相同的标识符即数组名,数组中的每个变量称为数组的元素(array element)。为了引用数组中的特定元素,通常使用数组名连同一个用中括

号"[ ]"括起来的整型表达式,该表达式称为数组的索引(index)或下标,如score[9]。score 是数组名,数字 9 为数组元素的索引。数组元素的索引就是该数组从开始的位置到该元素所在位置的偏移量。第一个元素的索引值为 0,第二个元素的索引值为 1,score[9]是 score 数组中的第 10 个元素。

在 Java 语言中,数组不是基本数据类型,而是复合数据类型,也就是引用数据类型,因此,数组的使用方式不同于基本数据类型,必须通过创建数组类对象的方式使用数组。

1. 数组的定义(声明)

数组的定义方式为:数据类型数组名[ ];,或者数据类型[ ] 数组名;。其中数据类型可以是 Java 允许的任何数据类型,包括基本数据类型和引用数据类型。任何合法的标识符都可以作为数组名,[ ]指明该变量是数组类型的变量。例如:

```
int[]  age;
char[ ]  name;
float[ ]  score;
```

以上例子分别定义了整型、字符型和浮点型三个数组变量。

2. 数组的创建

定义数组时,系统并没有为其分配内存,也没有指明数组中元素的个数。不能像其他语言(如 C 语言)那样,在[ ]中直接指出元素的个数,如 int[9]。因为数组本身是对象,必须用 new 运算符创建数组,使用关键字 new 进行实例化数组,才能使用。假设要创建具有 100 个元素的整型数组,数组名为 age,方法如下:

```
int[] age;//定义数组变量 age
age = new int[100];//创建数组
```

以上步骤定义并创建了名为 age、元素个数为 100 的数组,其元素为 age[0]…age[99]。可将以上两步合并为 int[ ] age = new int[100];,这两种方法的结果是一样的。

例如,定义一个整型数组,显示数组元素被赋值前后的值,代码如下。

```java
public class DataInt{
    public static void main(String[]args){
        int[]  N = new int[10];     //定义并创建具有 10 个元素的整型数组
        for(int i = 0;i <10;i ++){    //显示数组元素的缺省值
            System.out.print("N[" + i + "]" + " = " + N[i] + "\t");
        }
        System.out.println("\n");
        for(int i = 0;i <N.length;i ++){   //数组元素赋值后,显示数组元素的值
            N[i] = i +10;
            System.out.print("N[" + i + "]" + " = " + N[i] + "\t");
        }
    }
}
```

运行结果如图3-1所示。在运行结果中,第一行是数组元素被赋值前的值,可见整型数组在元素被赋值前,其缺省值为0;第二行是赋值后各元素的值。

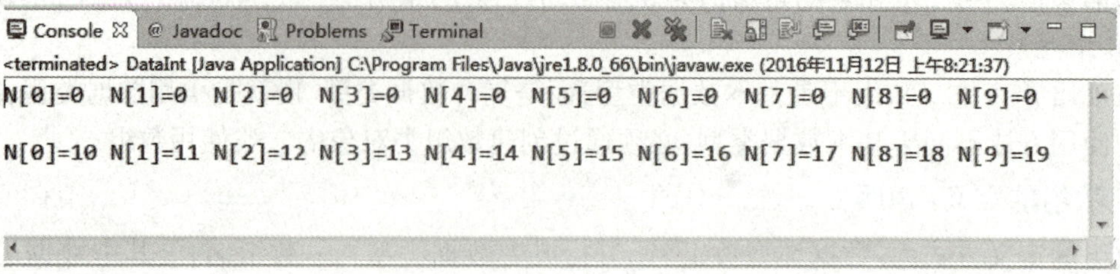

图3-1　数组缺省值

3. 数组的初始化

不同类型的数组在创建之后有不同的缺省值,如整型数组每个元素的缺省值为0,双精度浮点型的数组每个元素的缺省值为0.0,字符型数组的每个元素的缺省值'\u0000',布尔型数组每个元素的缺省值为false,引用类型数组的每个元素的缺省值为null。如果要为数组元素赋予其他值,必须对数组元素进行初始化。

数组初始化是为了给数组元素赋予缺省值以外的其他值。方法如下:

(1) 定义数组时直接初始化。

分别定义布尔型、字节型、字符型和引用类型的数组,并进行初始化。

```
boolean[] bFlag = {true,false,false,true,false};
byte[] btValue = {1,2,3,4,5,6};
char[] cValue = {'h','e','l','l','o'};
people[] peoples = {new people("wangfei",45),new people("lilei",26)};
```

该例是采用直接初始化的方法,每条语句确定了数组变量的类型、元素的个数和元素的值。和基本类型不同的是,类类型的数组元素应当以类的具体对象作为元素,因此,语句4中用new运算符直接创建类people的两个对象,得到peoples[0]、peoples[1]两个people的实例。

(2) 直接访问数组元素为部分或全部元素初始化。

定义并创建整型、浮点型、双精度浮点型和类类型数组,数组元素为10个,对数组元素进行初始化。

```
int[]    age = new int[10];
float[]  fValue = new float[10];
double[] dValue = new double[10];
for(int i = 0;i < 10;i ++){
    age[i] = i;
    fValue[i] = (float)i;
    dValue[i] = (double)i;
}
```

项目3 数组和字符串的程序设计

语句1~语句3定义并创建了数组age、fValue、dValue,数组的元素个数为10;语句4~语句8利用for循环语句为数组的元素赋值。访问数组的各个元素赋值,需要利用数组的索引,即中括号"[]"中的表达式的值。该例中,i代表数组的索引,i为0时,指向数组的第一个元素,i为1时,指向数组的第二个元素,依此类推,i为9时,指向数组的最后一个元素。

只有一个索引或下标的数组称为一维数组。在实际应用中,经常遇到使用多个索引或下标的情况。比如要记录30个学生某一学期6门课程的成绩,可以定义一个具有双下标的数组。一个下标长度为30,另一个下标长度为6,数组定义方法如下:

```
int[][] count = new int[30][6];
```

像count这样具有两个索引的数组称为二维数组,第一个索引的取值范围是0~29;第二个索引的取值范围是0~5。数组具有180(30×6)个元素。数组中的元素可表示为count[i][j],例如count[19][5]表示第20个学生第6门课程的成绩。如果用一维数组表示,需要定义具有180个元素的数组。

在使用数组时经常犯的错误有以下几种,希望大家避免。

1. 定义数组时遗漏数组长度

有如下的程序段,其声明了一个整型数组,并对第一个和第二个元素进行赋值,当运行程序时,会发现程序报错:"变量必须提供为表达式或数组初始化操作",因此,在创建数组时,必须声明数组长度。

```
int[] age = new int[];
age[0] = 23;
age[1] = 45;
...
```

2. 数组越界

有如下的程序段,其声明并创建了一个整型数组,而且指定了数组的长度,但运行时报错:"java.lang.ArrayIndexOutofBoundsException",因为数组长度是2,从下标0开始,因此最后一个元素是age[1]。

```
int[] age = new int[2];
age[0] = 23;
age[1] = 45;
age[2] = 45;
...
```

3.3.2 字符串

Java中的字符串是一连串的字符,可以用来显示提示信息,进行专门的字符处理。但是与许多其他的计算机语言将字符串作为字符数组处理不同,Java将字符串作为String类型和StringBuffer类对象来处理,而且StringBuffer类比String类更高效,特别是对字符串进行追加操作时。

字符串也有常量和变量之后。字符串常量是用一对引号("")括起来的字符序列,如"hellpworld!"。字符串变量实际上是 String 类或 StringBuffer 类的对象。

1. 如何使用字符串

字符串变量的声明方法如下:

```
String name;
```

该语句声明了名为 name 的字符串。字符串变量声明以后,并没有指向任何对象,name 为空值(null)。有两种方法使 name 指向具体对象。

(1)用"="运算符将其指向某一字符串,例如语句:

```
name = "zhuhua";
```

(2)用 new 运算符创建 String 类的对象,例如语句:

```
name = new String("zhuhua");
```

这两种方法的结果是一样的。与 String 类不同的是,StringBuffer 对象不能用"="创建,必须用 new 运算符创建,例如语句:

```
StringBuffer title = new StringBuffer("java programe");
```

String 和 StringBuffer 的另一个不同之处在于:String 对象所指向的字符串,其内容不能改变。也就是说,创建了一个字符串对象之后,如果将一个新的字符串内容赋给该对象,则该对象不再指向原来的字符串,而是指向一个新的字符串对象。例如,有两个 String 类型的字符串 str1 和 str2,其中 str1 = "The source string!",执行 str2 = str1 后,str1 和 str2 均指向同一字符串,str1 和 str2 的内容相同;当再执行 str2 = "The source string! Changed."时,按照对象的引用规则,此时 str1 和 str2 的内容均应变为"The source string! Changed.",但事实并非如此,str1 仍为原来的内容,而 str2 指向了字符串"The source string! Changed."。

说明:执行 str2 = str1 时,str1、str2 指向同一字符串,即内存中同一位置;str2 被重新赋值后,str2 指向了另一字符串,即内存中的另一位置,而 str1 的指向没有发生变化。

对于 StringBuffer 类来说,执行类似的操作,结果会大不相同。假如执行如下操作:

```
StringBuffer strb1 = new StringBuffer("how are you!");
StringBuffer strb2 = strb1;
strb2.append("fine,thank you.");
```

上面三条语句执行结束后,strb1 和 strb2 的内容是相同的,说明:执行 strb2 = strb1 时,strb1 和 strb2 指向同一字符串即内存中同一位置,当改变 strb2 时,strb1 和 strb2 同时改变,两者仍指向内存中同一位置。

2. String 类主要方法的使用

可以用 String 类对字符串进行许多操作,如字符串的连接、比较、搜索、求长度等,这些操作可以用字符串类提供的方法来完成。表 3-1 介绍了几种常用的字符串类提供的方法。

表 3-1 字符串常用方法

方法名	作　用
char charAt(int index)	取字符串中的某一个字符。其中的参数 index 指的是字符在串中的索引位置。字符串的序数从 0 开始到 length()-1。 String s = new String("abcdefg"); System.out.println(s.charAt(5)); 结果为:f
String concat(String str)	将该 String 对象与 str 连接在一起
boolean equals(Object anObject)	判断内容是否相同。当 anObject 不为空并且与当前 String 对象一样时,返回 true;否则,返回 false
int length()	返回当前字符串长度。这与数组中的获取长度不同,数组使用的属性:数组名.length;
public int indexOf(String str)	从字符串开始检索 str,直到串尾,并返回第一次出现的位置,如未出现,返回-1
public int indexOf(String str, int fromIndex);	从字符串的第 fromIndex 个字符开始检索 str
String replace(char oldChar, char newChar)	将字符串中第一个 oldChar 替换成 newChar
String substring(int beginIndex)	取从 beginIndex 位置开始到结束的子字符串
String substring(int beginIndex, int endIndex)	取从 beginIndex 位置开始到 endIndex-1 位置的子字符串
String toLowerCase()	将字符串转换成小写
String toUpperCase()	将字符串转换成大写
boolean equalsIgnoreCase(String another)	比较字符串与 another 是否一样(忽略大小写)
String trim()	去除字符串首尾空格

3. StringBuffer 类的常用方法及应用

StringBuffer 类用于处理可变字符串,该类除了具有与 String 类相同的方法外,还有其特殊的方法。最常用的就是 append()方法,该方法是在原串的末尾追加字符串。

3.4　项目实施

任务1　利用数组实现学生成绩的处理

利用数组实现学生
成绩的处理-1

利用数组实现学生
成绩的处理-2

利用数组实现如下功能:键盘录入 5 个学生 Java 课程的成绩,存入数组中,求出 5 个 Java

课程成绩的平均分,并按照成绩进行升序排列输出及降序排列输出,输出5个人中Java成绩的最高分和最低分。

● 任务需求

需要定义一个数组,用来盛放5个学生的Java成绩,然后利用循环进行学生成绩的录入,并且利用sort()方法对数组中的元素进行升序排序,之后按照要求进行数据输出。

● 任务实现

主要代码如下,运行结果如图3-2所示。

```java
import java.util.Arrays;
import java.util.Scanner;
public class ArrayScore{
    public static void main(String[] args){
        double[] score = new double[5];     //并分配空间
        double avg;
        int i;
        double sum = 0;
        Scanner input = new Scanner(System.in);
        System.out.println("请输入成绩");
        for(i = 0;i < 5;i ++){
            score[i] = input.nextDouble();
        }
        for(i = 0;i < 5;i ++){
            sum = sum + score[i];
        }
        avg = sum /5;
        System.out.println("成绩的平均分是");
        System.out.println(avg);//引用
        Arrays.sort(score);
        System.out.println("升序的成绩是");
        for(i = 0;i < score.length;i ++){
            System.out.print( +score[i] + "\t");
        }
        System.out.println();
        System.out.println("降序的成绩是");
        for(i = score.length - 1;i > = 0;i --){
            System.out.print( +score[i] + "\t");
        }
```

项目3 数组和字符串的程序设计

```
            System.out.println();
            System.out.println("最高分是:"+score[4]);
            System.out.println("最低分是:"+score[0]);
        }
    }
```

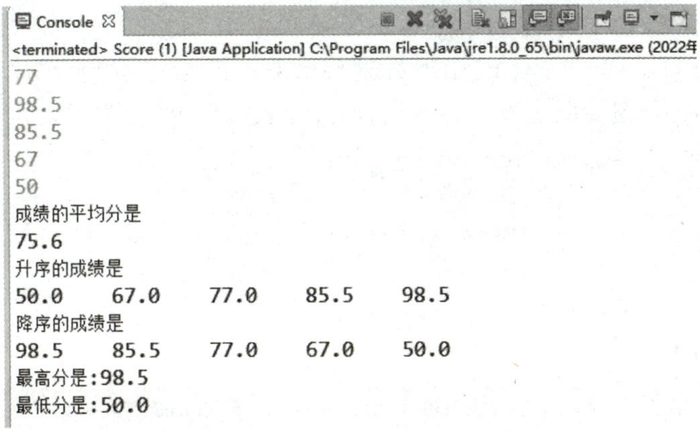

图3-2 成绩排序

●任务解析

本任务通过循环,利用input.nextDouble()方法对数组进行了初始化。然后利用累加sum = sum + score[i]进行求和,进一步求出了平均值。java.util.Arrays类提供了许多常用方法来操作数组,如排序、查询等,其中Arrays.sort(score)就是利用sort()快速排序数组score的方法,此方法是将数字中的元素按照从小到大的顺序进行重新排列;并且这个方法是静态方法,无须创建Arrays类的实例就能直接使用,它的使用方式是:Arrays.sort(数组名)。

任务2 输入5种水果的英文名字,将它们按字母顺序排列输出

●任务需求

水果名称是由一串字符组成的字符串,5种水果名称可以用一个长度为5的数组实现,因此,先定义一个字符串数组,之后利用数组的sort()方法完成对水果的排序。

●任务实现

```java
import java.util.Arrays;
import java.util.Scanner;
public class SortFruit {
    public static void main(String[] args) {
```

```java
    String fruit[] = new String[5];
        Scanner input = new Scanner(System.in);
        for(int i = 0;i < fruit.length;i + +){
            System.out.print("请输入第" + (i + 1) + "种水果:");
            fruit[i] = input.next();
        }
        Arrays.sort(fruit);
        System.out.println("\n这些水果在英文词典中出现的顺序是:");
        for(int i = 0;i < fruit.length;i + +){
            System.out.println(fruit[i]);
        }
    }
}
```

运行结果如图3-3所示。

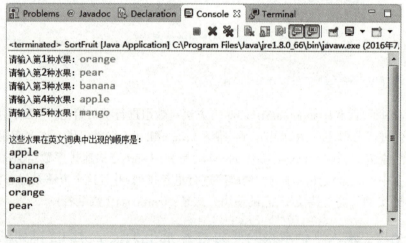

图3-3 按字母排序水果名称

任务3 计算一个班级每个学生期末成绩的平均分

● 任务需求

计算一个班级每个学生期末成绩的平均分。为了使输入数据简单,模拟2个学生4门课程的情况。

● 任务实现

```java
public class StudengScore {
    public static void main(String[] args){
        double[][] stuScore = new double[2][4];
```

```java
        //声明创建二维数组 stuScore 存放学生的成绩
        double[] stuSum = new double[2];
        //声明创建一维数组 stuSum 存放每个学生的成绩和
        double[] stuAverage = new double[2];
        //声明创建一维数组 stuAverage 存放每个学生的平均成绩
        Scanner input = new Scanner(System.in);
        /* 循环录入每个学生的成绩,并将每个学生成绩累加到 stuSum,计算每个学生的平均成绩 stuAverage */
        for(int i = 0;i < stuScore.length;i ++){
            System.out.println("请输入第" + (i +1) + "个学生的成绩,并将成绩累加到 stuSum");
            for(int j = 0;j < stuScore[i].length;j ++){
                stuScore[i][j] = input.nextDouble();
                stuSum[i] = stuSum[i] + stuScore[i][j];
            }
            stuAverage[i] = stuSum[i]/4;
        }
        //输出每个学生的成绩平均值
        for(int i = 0;i < 2;i ++){
            System.out.println("第" + (i +1) + "个学生的平均成绩" + stuAverage[i]);
        }
    }
}
```

运行结果如图 3 - 4 所示。

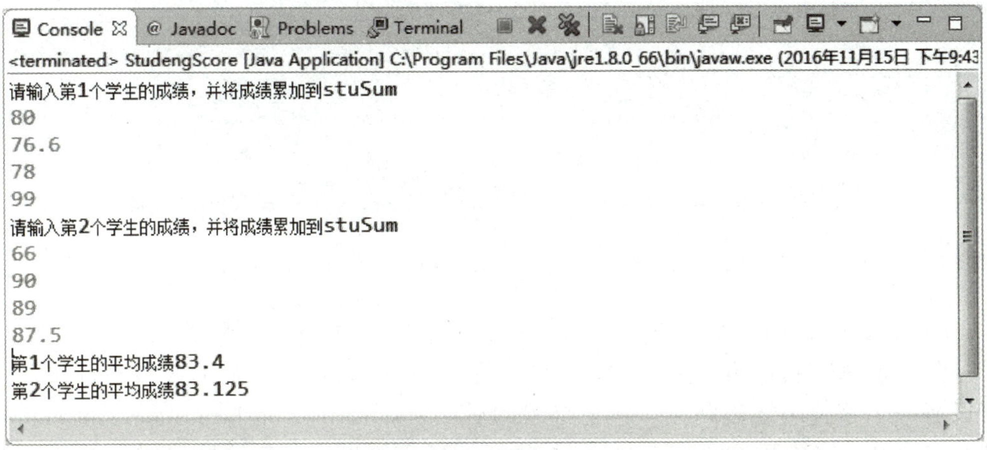

图 3 - 4 计算平均分

任务4　输入用户的身份证号,取出用户的出生日期

● **任务需求**

输入用户的身份证号,取出用户的出生日期。需要一个字符串变量存放身份证号,如果是有效身份证号码(18 位),利用 substring(int beginIndex,int endIndex)方法,将出生年月日取出。

输入用户的身份证号
取出用户的出生日期

● **任务实现**

```java
public class GetBirthday {
    public static void main(String[] args) {
        System.out.println("请输入用户的身份证号码: ");
        Scanner input = new Scanner(System.in);
        String id = input.next();
        String year;
        String month;
        String day;
        while(id.length() != 18){     //有效身份证号码为18 位
            System.out.println("身份证号码无效!");
            System.out.println("请重新输入用户的身份证号码: ");
            id = input.next();
        }
        year = id.substring(6,10);    //提取年
        month = id.substring(10,12);  //提取月
        day = id.substring(12,14);    //提取日
        System.out.println("\n 该用户生日是: " + year + "年" + month + "月" + day + "日");
    }
}
```

● **任务解析**

"+"是连接运算符,在使用"+"运算符连接字符串和 int 型(或者 double 型)数据时,"+"将 int 型(或者 double 型)数据自动转化为 String 类型。除此之外,concat( )方法也可以将一个字符串连接到另一个字符串的后面。substring(int beginIndex,int endIndex)取从 beginIndex 位置开始到 endIndex-1 位置的子字符串。运行结果如图 3-5 所示。

项目3 数组和字符串的程序设计

图3-5 截取出生日期

任务5 密码验证

● 任务需求

在某注册系统中,密码验证是非常重要的环节,必须保证前后输入的密码串完全一致。可以通过equals()方法比较两次输入是否一致。

● 任务实现

密码验证

```java
public class Password {
    public static void main(String[] args) {
        //从键盘接收密码
        System.out.println("---欢迎进入会员注册系统---");
        Scanner input = new Scanner(System.in);
        System.out.println("请输入您的密码:");
        String psw1 = input.next();
        System.out.println("请确认您的密码:");
        String psw2 = input.next();
        //比较两次输入的密码是否一致
        while (! psw1.equals(psw2)) {
            System.out.println("密码不一致,请重新输入确认密码!");
            psw2 = input.next();
        }
        System.out.println("恭喜您! 注册成功!");
    }
}
```

程序的运行结果如图3-6所示。

- 57 -

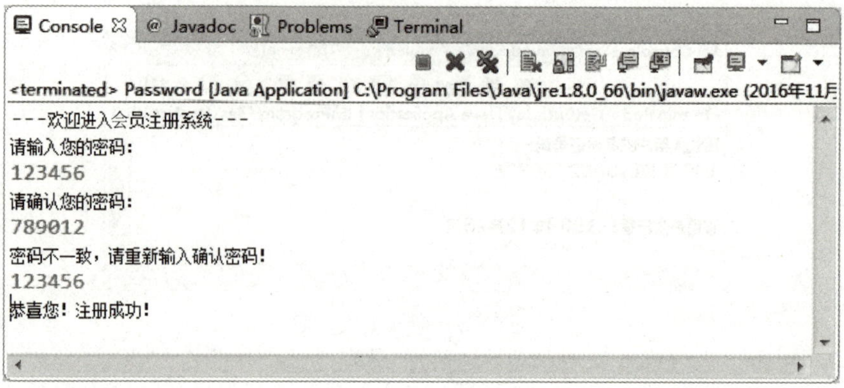

图 3-6 密码验证

3.5 拓展练习

一、选择题

1. 定义了一维 int 型数组 a[10]后,下面的引用错误的是（　　）。
   A. a[0] = 1;　　B. a[10] = 2;　　C. a[0] = 5 * 2;　　D. a[1] = a[2] * a[0];
2. 引用数组元素时,数组下标可以是（　　）。
   A. 整型常量　　B. 整型变量　　C. 整型表达式　　D. 以上均可
3. 数组 a 的第三个元素表示为（　　）。
   A. a(3)　　B. a[3]　　C. a(2)　　D. a[2]
4. 当访问无效的数组下标时,会发生（　　）。
   A. 中止程序　　B. 抛出异常　　C. 系统崩溃　　D. 直接跳过
5. 当数组作为方法的参数时,向方法传递的是（　　）。
   A. 数组的引用　　B. 数组的栈地址　　C. 数组自身　　D. 数组的元素

二、编程

1. 现在有如下一个数组:int oldArr[ ] = {1,3,4,5,0,0,6,6,0,5,4,7,6,7,0,5},要求将以上数组中的 0 项去掉,将不为 0 的值存入一个新的数组,生成新的数组为:int newArr[ ] = {1,3,4,5,6,6,5,4,7,6,7,5}。

2. 写一个方法判断一个字符串是否对称。

3. 编写一个程序,将下面的一段文本中的各个单词的字母顺序翻转,如"To be or not to be",将变成"oT eb ro ton ot eb"。

4. 有如下一个长度为 6 的数组,数据是有序的,通过键盘再录入一个整数,把它放在数组合适的位置。

```
int[ ] list = new int[6];
list[0] = 85;
list[1] = 63;
list[2] = 49;
```

```
list[3]=22;
list[4]=10;
```

5. 查找学生姓名。录入 5 个学生的姓名,然后查找某个学生的名字,看在不在刚录入的学生名称中。

3.6　项目小结

1. 数组对于每一门编程语言来说都是重要的数据结构之一,当然,不同语言对数组的实现及处理也不尽相同。Java 语言中提供的数组是用来存储固定大小的同类型元素的。可以声明一个数组变量,如用 numbers[100] 来代替直接声明 100 个独立变量 number0,number1,…,number99。

2. 主要涉及 Java 数组的声明、创建和初始化,并给出其对应的代码。

3. 在 Java 语言中,字符串数据实际上是由 String 类实现的。Java 字符串类分为两类:一类是在程序中不会被改变长度的不变字符串;另一类是在程序中会被改变长度的可变字符串。Java 环境为了存储和维护这两类字符串,提供了 String 和 StringBuffer 两个类。

阶段实训一　万年历

☆ **任务需求**

从控制台输入××××年××月,从控制台输出该月日历,其中,1900 年 1 月 1 日是星期一。参考运行结果如实训图 1-1 所示。

```
Problems  @ Javadoc  Declaration  Console  Progress
<terminated> PrintCalendar7 [Java Application] C:\Program Files\Java\jre1.8.0_65\bin\javaw.exe (2021年
*******************欢迎使用万年历*******************
请选择年份：2025
请选择月份：2
星期日    星期一    星期二    星期三    星期四    星期五    星期六
                                                          1
2         3         4         5         6         7       8
9         10        11        12        13        14      15
16        17        18        19        20        21      22
23        24        25        26        27        28
```

实训图 1-1　运行结果

☆ **训练的技能点**

（1）会使用分支结构解决问题。

（2）会使用循环结构解决问题。

☆ **系统开发步骤**

（1）明确需求。

（2）判断该年是否是闰年。

（3）计算该月的天数。

（4）计算该月第一天是星期几。

（5）按格式输出该月日历。

（6）测试。

阶段 1:判断该年是否是闰年

☆ **需求说明**

从控制台接收年份和月份,判断输入的年份是否是闰年。

提示:判断是否是闰年:能被 4 整除但不能被 100 整除;或者能被 400 整除。

参考运行结果如实训图 1-2 所示。

```
*****************欢迎使用万年历*****************
请选择年份：2025
请选择月份：2
2025    平年
```

实训图 1-2　运行结果

任务实现

```java
package shixun1;
import java.util.Scanner;

public class WanNianLi1 {
    /**
     * @param args
     */
    public static void main(String[] args) {
        System.out.println("*****************欢迎使用万年历*****************");
        Scanner input = new Scanner(System.in);
        System.out.print("\n请选择年份：");
        int year = input.nextInt();
        System.out.print("\n请选择月份：");
        int month = input.nextInt();
        System.out.println();

        int days = 0; //存储当月的天数
        boolean isRn;
        /* 判断是否是闰年 */
        if (year % 4 == 0 && !(year % 100 == 0) || year % 400 == 0) { //判断是否为闰年
            isRn = true; //闰年
        } else {
            isRn = false;//平年
        }

        if (isRn) {
            System.out.println(year + "   闰年");
        } else {
```

```
            System.out.println(year + "  平年");
        }
    }
}
```

阶段 2：计算输入月份的天数

☆ **需求说明**

闰年 2 月：29 天。

平年 2 月：28 天。

参考运行结果如实训图 1-3 所示。

实训图 1-3　运行结果

● **任务实现**

```
package shixun1;

import java.util.Scanner;

public class WanNianLi2 {

    /**
     * @param args
     */
    public static void main(String[] args) {
        System.out.println("****************欢 迎 使 用 万 年 历 ****************");
        Scanner input = new Scanner(System.in);
        System.out.print("\n请选择年份：");
        int year = input.nextInt();
        System.out.print("\n请选择月份：");
        int month = input.nextInt();
        System.out.println();
```

```java
        int days = 0; //存储当月的天数
        boolean isRn;
        /* 判断是否是闰年 */
        if (year % 4 == 0 && !(year % 100 == 0) || year % 400 == 0) { //判
断是否为闰年
            isRn = true; //闰年
        } else {
            isRn = false;//平年
        }

        if (isRn) {
            System.out.println(year + "\t闰年");
        } else {
            System.out.println(year + "\t平年");
        }

        /* 计算当月的天数 */
        switch (month) {
          case 1:
          case 3:
          case 5:
          case 7:
          case 8:
          case 10:
          case 12:
           days = 31;
           break;
          case 2:
            if (isRn) {
               days = 29;
            } else {
               days = 28;
            }
           break;
          default:
           days = 30;
           break;
        }
        System.out.println(month + "\t共" + days + "天");
    }

}
```

阶段3：计算该月第一天是星期几

☆ **需求说明**

1. 计算输入月份距离 1900 年 1 月 1 日的天数。

参考运行结果如实训图 1-4 所示。

实训图 1-4　运行结果

● 任务实现

```java
package shixun1;

import java.util.Scanner;

public class WanNianLi3 {

    /**
     * @param args
     */
    public static void main(String[] args) {
        System.out.println("******************欢迎使用万年历*****************");
        Scanner input = new Scanner(System.in);
        System.out.print("\n请选择年份：");
        int year = input.nextInt();
        System.out.print("\n请选择月份：");
        int month = input.nextInt();
        System.out.println();

        int days = 0;  //存储当月的天数
        boolean isRn;
        /* 判断是否是闰年 */
```

```java
      if (year % 4 == 0 && !(year % 100 == 0) || year % 400 == 0) { //判断是否为闰年
        isRn = true; //闰年
      } else {
        isRn = false;//平年
      }

      if (isRn) {
        System.out.println(year + "\t闰年");
      } else {
        System.out.println(year + "\t平年");
      }

      /* 计算当月的天数 */
      switch (month) {
        case 1:
        case 3:
        case 5:
        case 7:
        case 8:
        case 10:
        case 12:
          days = 31;
          break;
        case 2:
          if (isRn) {
            days = 29;
          } else {
            days = 28;
          }
          break;
        default:
          days = 30;
          break;
      }
      System.out.println(month + "\t共" + days + "天");

      /* 计算输入的年份之前的天数 */
      int totalDays = 0;
      for (int i = 1900; i < year; i ++) {
        /* 判断闰年或平年,并进行天数累加 */
```

```java
            if(i % 4 == 0 && !(i % 100 == 0) || i % 400 == 0){  //判断是否为闰年
                totalDays = totalDays + 366;  //闰年366天
            } else {
                totalDays = totalDays + 365;  //平年365天
            }
        }
        System.out.println("输入年份距离1900年1月1日的天数:" + totalDays);
    }
}
```

2. 计算输入月份之前的天数(从当年年初开始),并求和。

参考运行结果如实训图1-5所示。

```
******************欢迎使用万年历******************
请选择年份：2025

请选择月份：2

2025    平年
输入年份距离1900年1月1日的天数：45656
输入月份距离1900年1月1日的天数：45687
当前月份的天数：28
```

实训图1-5　运行结果

● **任务实现**

```java
package shixun1;

import java.util.Scanner;

public class WanNianLi4 {

    /**
     * @param args
     */
    public static void main(String[] args) {
        System.out.println("******************欢迎使用万年历******************");
        Scanner input = new Scanner(System.in);
        System.out.print("\n请选择年份：");
```

```java
        int year = input.nextInt();
        System.out.print("\n请选择月份: ");
        int month = input.nextInt();
        System.out.println();

        int days = 0;  //存储当月的天数
        boolean isRn;
        /* 判断是否是闰年 */
        if (year % 4 == 0 && !(year % 100 == 0) ||year % 400 == 0) {  //判断是否为闰年
            isRn = true;  //闰年
        } else {
            isRn = false; //平年
        }

        if (isRn) {
            System.out.println(year + "\t闰年");
        } else {
            System.out.println(year + "\t平年");
        }

        /* 计算该月的天数 */
        /*
        switch (month) {
          case 1:
          case 3:
          case 5:
          case 7:
          case 8:
          case 10:
          case 12:
            days = 31;
            break;
          case 2:
            if (isRn) {
                days = 29;
            } else {
                days = 28;
            }
            break;
          default:
```

```
            days = 30;
            break;
    }
    System.out.println(month + "\t共" + days + "天");
    */

    /* 计算输入的年份之前的天数 */
    int totalDays = 0;
    for (int i = 1900; i < year; i++) {
        /* 判断闰年或平年,并进行天数累加 */
        if (i % 4 == 0 && !(i % 100 == 0) || i % 400 == 0) { //判断是否为闰年
            totalDays = totalDays + 366; //闰年 366 天
        } else {
            totalDays = totalDays + 365; //平年 365 天
        }
    }
    System.out.println("输入年份距离 1900 年 1 月 1 日的天数:" + totalDays);

    /* 计算输入月份之前的天数 */
    int beforeDays = 0;
    for (int i = 1; i <= month; i++) {
        switch (i) {
            case 1:
            case 3:
            case 5:
            case 7:
            case 8:
            case 10:
            case 12:
                days = 31;
                break;
            case 2:
                if (isRn) {
                    days = 29;
                } else {
                    days = 28;
                }
                break;
            default:
```

```
                days = 30;
                break;
            }
            if (i < month) {
                beforeDays = beforeDays + days;
            }
        }
        totalDays = totalDays + beforeDays;  //距离1900年1月1日的天数

        System.out.println("输入月份距离1900年1月1日的天数:" + totalDays);
        System.out.println("当前月份的天数:" + days);
    }
}
```

3. 已知该月之前的天数,计算输入月份的第一天是星期x。

从1900年1月1日(星期一)开始推算:

星期x = 1 + 天数差%7

周一~周六:1~6。

周日:0。

参考运行结果如实训图1-6所示。

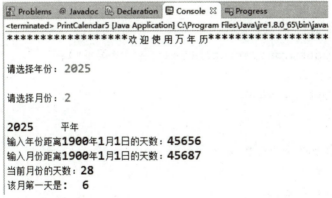

实训图1-6 运行结果

● 任务实现

```
package shixun1;

import java.util.Scanner;

public class WanNianLi5 {
```

```java
/**
 * @param args
 */
public static void main(String[] args) {
    System.out.println("***************** 欢 迎 使 用 万 年 历 ****************");
    Scanner input = new Scanner(System.in);
    System.out.print("\n请选择年份: ");
    int year = input.nextInt();
    System.out.print("\n请选择月份: ");
    int month = input.nextInt();
    System.out.println();

    int days = 0; //存储当月的天数
    boolean isRn;
    /* 判断是否是闰年 */
    if(year % 4 == 0 && !(year % 100 == 0) ||year % 400 == 0) { //判断是否为闰年
        isRn = true; //闰年
    } else {
        isRn = false;//平年
    }

    if(isRn) {
        System.out.println(year + "\t闰年");
    } else {
        System.out.println(year + "\t平年");
    }

    /* 计算该月的天数 */
    /*
    switch (month) {
      case 1:
      case 3:
      case 5:
      case 7:
      case 8:
      case 10:
      case 12:
        days = 31;
        break;
```

```
        case 2:
          if (isRn) {
            days = 29;
          } else {
            days = 28;
          }
          break;
        default:
          days = 30;
          break;
    }
    System.out.println(month + "\t共" + days + "天");
    */

    /* 计算输入的年份之前的天数 */
    int totalDays = 0;
    for (int i = 1900; i < year; i++) {
        /* 判断闰年或平年,并进行天数累加 */
        if (i % 4 == 0 && !(i % 100 == 0) || i % 400 == 0) { //判断是否为闰年
            totalDays = totalDays + 366;//闰年366天
        } else {
            totalDays = totalDays + 365;//平年365天
        }
    }
    System.out.println("输入年份距离1900年1月1日的天数:" + totalDays);

    /* 计算输入月份之前的天数 */
    int beforeDays = 0;
    for (int i = 1; i <= month; i++) {
        switch (i) {
          case 1:
          case 3:
          case 5:
          case 7:
          case 8:
          case 10:
```

```
            case 12:
              days = 31;
              break;
            case 2:
              if (isRn) {
                 days = 29;
              } else {
                 days = 28;
              }
              break;
            default:
              days = 30;
              break;
        }
        if (i < month) {
           beforeDays = beforeDays + days;
        }
    }
    totalDays = totalDays + beforeDays; //距离1900年1月1日的天数
    System.out.println("输入月份距离1900年1月1日的天数:" + totalDays);
    System.out.println("当前月份的天数:" + days);
    /* 计算星期几 */
    int firstDayOfWeek; //存储当月第一天是星期几:星期日为0,星期一~星期六为1~6
    int temp = 1 + totalDays % 7; //从1900年1月1日推算
    if (temp == 7) { //求当月第一天
       firstDayOfWeek = 0;
    } else {
       firstDayOfWeek = temp;
    }
    System.out.println("该月第一天是: " + firstDayOfWeek);

  }
}
```

阶段4:按照格式输出日历

参考运行结果如实训图1-7所示。

阶段实训一　万年历

```
Problems  @ Javadoc  Declaration  Console ⊠  Progress
<terminated> PrintCalendar7 [Java Application] C:\Program Files\Java\jre1.8.0_65\bin\javaw.exe (2021年
******************欢迎使用万年历******************

请选择年份：2025

请选择月份：2

星期日    星期一    星期二    星期三    星期四    星期五    星期六
                                                          1
2         3         4         5         6         7         8
9         10        11        12        13        14        15
16        17        18        19        20        21        22
23        24        25        26        27        28
```

实训图 1-7　运行结果

● 任务实现

```java
package shixun1;

import java.util.Scanner;

public class WanNianLi6 {

    /**
     * @param args
     */
    public static void main(String[] args) {
        System.out.println("****************** 欢 迎 使 用 万 年 历 ******************");
        Scanner input = new Scanner(System.in);
        System.out.print("\n请选择年份： ");
        int year = input.nextInt();
        System.out.print("\n请选择月份： ");
        int month = input.nextInt();
        System.out.println();

        int days = 0; //存储当月的天数
        boolean isRn;
        /* 判断是否是闰年 */
        if (year % 4 == 0 && !(year % 100 == 0) || year % 400 == 0) { //判
断是否为闰年
```

```
        isRn = true; //闰年
    } else {
        isRn = false;//平年
    }

    /*
     * if(isRn){ System.out.println(year + "\t闰年");}else{
     * System.out.println(year + "\t平年");}
     */

    /* 计算该月的天数 */
    /*
    switch (month) {
      case 1:
      case 3:
      case 5:
      case 7:
      case 8:
      case 10:
      case 12:
        days = 31;
        break;
      case 2:
        if (isRn) {
            days = 29;
        } else {
            days = 28;
        }
        break;
      default:
        days = 30;
        break;
    }
    System.out.println(month + "\t共" + days + "天");
    */

    /* 计算输入的年份之前的天数 */
    int totalDays = 0;
```

```java
        for (int i = 1900; i < year; i++) {
            /* 判断闰年或平年,并进行天数累加 */
            if (i % 4 == 0 && !(i % 100 == 0) || i % 400 == 0) { //判断是否为闰年
                totalDays = totalDays + 366;//闰年 366 天
            } else {
                totalDays = totalDays + 365;//平年 365 天
            }
        }
        //System.out.println("输入年份距离1900 年 1 月 1 日的天数:" + totalDays);

        /* 计算输入月份之前的天数 */
        int beforeDays = 0;
        for (int i = 1; i <= month; i++) {
            switch (i) {
                case 1:
                case 3:
                case 5:
                case 7:
                case 8:
                case 10:
                case 12:
                    days = 31;
                    break;
                case 2:
                    if (isRn) {
                        days = 29;
                    } else {
                        days = 28;
                    }
                    break;
                default:
                    days = 30;
                    break;
            }
            if (i < month) {
                beforeDays = beforeDays + days;
```

```
            }
        }
        totalDays = totalDays + beforeDays;    //距离1900年1月1日的天数
        //System.out.println("输入月份距离1900年1月1日的天数:" + totalDays);
        //System.out.println("当前月份的天数:" + days);

        /* 计算星期几 */
        int firstDayOfMonth;    //存储当月第一天是星期几:星期日为0,星期一~星期六为1~6
        int temp = 1 + totalDays % 7;    //从1900年1月1日推算
        if (temp == 7) {    //求当月第一天
            firstDayOfMonth = 0;    //周日
        } else {
            firstDayOfMonth = temp;
        }
        //System.out.println("该月第一天是:" + firstDayOfMonth);

        /* 输出日历 */
        System.out.println("星期日 \t 星期一 \t 星期二 \t 星期三 \t 星期四 \t 星期五 \t 星期六");
        for (int nullNo = 0; nullNo < firstDayOfMonth; nullNo ++) {
            System.out.print("\t");    //输出空格
        }
        for (int i = 1; i <= days; i ++) {
            System.out.print(i + "\t");
            if ((totalDays + i - 1) % 7 == 5) {    //如果当天为周六,输出换行
                System.out.println();
            }
        }
    }
}
```

阶段二　Java 面向对象技术

　　这一阶段将跨入对象的世界。Java 是一门纯面向对象的语言，它的伟大之处也在于此。通过学习基本面向对象编程思想，会对诸如"对象""类""属性"及"方法"等概念有深入的理解。本阶段使用贯穿案例"宠物系统"，从封装、继承、多态、接口四个方面的技术剖析该系统，最后介绍了 Java 中几个常用的系统类。面向对象思想几乎贯穿编程生涯，因此，在本阶段应好好体会，领略它的真谛。

项目 4

类和对象

在前面的项目中,学习了程序设计的基本知识和流程控制语句。通过这些内容的学习,大家能够使用 Java 语言进行程序设计,但这些程序的规模都很小,一般只有几十行代码。假设要编程解决一个大问题,需要写上万条代码,如果按照以前的做法,将这些代码都放到一个 Java 文件中,可以想象这个文件会非常冗长,很难维护。因此,在下面的课程中,将看到 Java 程序设计的另一道风景——面向对象程序设计(OOP)。

4.1 学习导航

☆ **工作任务**:

任务 1 类的定义
  任务 1.1 实现学生类,并输出学生的信息
  任务 1.2 实现学生和教师类,并输出学生和教师的信息

任务 2 类的无参方法
  任务 2.1 实现计算器类
  任务 2.2 实现成绩计算类,并输出总成绩和平均成绩

任务 3 类的有参方法
  任务 3.1 使用带参的方法实现计算器类
  任务 3.2 使用对象类型作为参数实现成绩计算类

☆ **技能目标**:

(1)掌握类和对象的特征。
(2)会创建对象。
(3)会定义和使用类的方法。
(4)会定义和使用带参方法。

4.2 项目情境

面向对象编程已经成为软件设计中的一项重要技术,学习和掌握面向对象技术已经成为一种潮流。面向对象语言(Object – Oriented Language)是一类以对象作为基本程序结构单位的程序设计语言,指用于描述的设计是以对象为核心,而对象是程序运行时刻的基本成分。面向对象是当前计算机界关心的重点,它是 20 世纪 90 年代软件开发方法的主流。面向对象的概念和应用已超越了程序设计和软件开发,扩展到很宽的范围,如数据库系统、交互式界面、应用结构、应用平台、分布式系统、网络管理结构、CAD 技术、人工智能等领域。

4.3 预备知识

4.3.1 对象

对象是用来描述客观事物的一个实体,由一组属性和方法构成。

现实世界中客观存在的任何事物都可以被看作对象,对象无处不在。在面向对象中,对象是用来描述客观事物的一个实体。用面向对象方法解决问题时,首先要对现实世界中的对象进行分析和归纳,找出哪些对象与要解决的问题是相关的。

人类解决问题的方式总是将复杂的事物简单化,于是就会思考对象都是由哪些部分组成的。通常将对象划分为两个部分,即静态部分和动态部分。静态部分,顾名思义,就是不能动的部分,这个部分被称为"属性"。任何对象都会具备其自身属性,如一个人包括高矮、胖瘦、性别和年龄等。同时,具有这些属性的人会执行哪些动作也是一个值得探讨的部分,这个人可以哭泣、微笑、说话和行走,这些是这个人具备的行为(动态部分),人类通过探讨对象的属性和观察对象的行为来了解对象。

如学生"张三"对象有静态特征姓名,值是张三,而方法是用来描述对象动态特征(行为)的一个动作序列,比如"张三"的行为有学习等。

4.3.2 类

类是具有相同属性和方法的一组对象的集合。

对于单个对象而言,不能用来代表同类的对象,比如一只鸟不能称为鸟类,如果需要对同一类事物统称,就是类的概念。

如果将现实世界中的一个事物抽象成对象,类就是这类对象的统称,如鸟类、人类等。类是构造对象时所依赖的规范,比如,一只鸟具有一对翅膀,它可以通过这对翅膀飞行,而基本上鸟都具备翅膀这个特性和飞行的技能,这样的具有相同特性和行为的一类事物就称为类,类的思想就是这样产生的。类是世间事物的抽象称呼,而对象则是这个事物对应的实体。如果面临实际问题,通常需要实例化类对象来解决。

类是封装对象属性和行为的载体,反过来说,具有相同属性和行为的一类实体被称为类。在Java语言中,类中对象的行为是以方法的形式定义的,对象的属性是以成员变量的形式定义的。

上面提到了一名学生"张三",但在现实世界中有很多学生,如张三、李四、王五等,因此,"张三"只是学生这一类人中的一个实例。又如,"法拉利跑车"是一个对象,但现实世界中还有奔驰、保时捷等车,因此"法拉利跑车"只是车这一类别中的一个实例。不论哪种车,都有一些共同的属性,比如品牌、颜色等,也有一些共同的行为,比如起动、加速、刹车等,这里将这些共同的属性和行为组织到一个单元中,就得到了类。

4.3.3 类是对象的类型

目前为止,已经学习了很多数据类型,比如整型(int)、双精度浮点型(double)、字符型(char)等,这些都是Java语言已经定义好的类型,编程时直接使用这些类型声明变量即可。

那么，如果想描述学生"张三"，他的数据类型是什么呢？是字符型还是字符串型？其实都不是。"张三"的类型就是"学生"，也就是说，类就是对象的类型。事实上，定义类就是定义类一个对象的数据类型。例如"学生"类、"教师"类、"人"类等。

在面向对象程序设计中，类是程序的基本单元。Java 是完全面向对象的语言，所有的程序都是以类为组织单元的。Java 中的类将现实世界中的概念模拟到计算机中，因此，需要在类中描述所具有的属性和方法。Java 的类模板如下：

```
public class <类名>{
    //定义属性部分,这些类的属性称为成员变量
    属性1的类型 属性1;
    属性2的类型 属性2;
    …
    属性n的类型 属性n;

        //定义方法部分
    方法1;
    方法2;
    …
    方法n;
}
```

类定义好后，就可以根据定义的模板创建对象。由类生成对象，称为类的实例化过程。一个实例也就是一个对象，一个类可以生成多个对象，创建对象的语法如下：

```
类名 对象名 = new 类名();
```

使用 new 关键字创建对象时，并没有给它的属性数据赋一个特定的值。在 Java 中，要引用对象的属性和方法，需要使用"."操作符，其中对象名在圆点的左边，属性或方法的名称在圆点的右边。

类中可以定义变量和方法，在类的方法中，同样可以定义变量。在类中定义的变量称为类的成员变量，在方法中定义的变量称为局部变量。不同位置定义的变量有什么不同呢？这里分两个方面进行区别：

(1) 成员变量：
- 成员变量定义在类中，在整个类中都可以被访问。
- 成员变量随着对象的建立而建立，随着对象的消失而消失，存在于对象所在的堆内存中。
- 成员变量有默认初始化值。

(2) 局部变量：
- 局部变量只定义在局部范围内，如函数内、语句内等，只在所属的区域有效。
- 局部变量存在于栈内存中，作用的范围结束，变量空间会自动释放。
- 局部变量没有默认初始化值。

在使用变量时，需要遵循就近原则，即首先在局部范围找，有就使用；接着在成员位置找。

4.3.4 面向对象的思想

Java 是一种面向对象的语言,因此要学会用面向对象的思想考虑问题和编写程序。面向对象有很多优点:

①与人类的思维习惯一致:面向对象的思维方式是从人类考虑问题的角度出发,把人类解决问题的思维过程转变为程序能够理解的过程。面向对象程序设计能够让我们使用"类"来模拟世界中的抽象概念,用"对象"来模拟现实世界中的实体,从而用计算机解决现实问题。

②提高了程序的可重复性:一个类可以创建多个对象实例,增加了重用性。

③易维护:采用面向对象思想设计的结构,可读性高;由于继承的存在,即使改变需求,维护也只是在局部模块,所以维护起来非常方便,而且成本较低。

④质量高:在设计时,可重用现有的,在以前的项目领域中已被测试过的类,使系统满足业务需求并具有较高的质量。

⑤效率高:在软件开发时,根据设计的需要对现实世界的事物进行抽象,产生类。使用这样的方法解决问题,接近于日常生活和自然的思考方式,势必提高软件开发的效率和质量。

⑥易扩展:由于继承、封装、多态的特性,可设计出高内聚、低耦合的系统结构,使得系统更灵活、更容易扩展,而且成本较低。

Java、C++、C#都是面向对象的语言,C 语言是面向过程的语言,面向过程及面向对象均有自己的优缺点,也都有自己的使用范围。

那么,面向对象和面向过程的区别是什么呢? 有人这么形容面向对象和面向过程的不同:面向过程的方法写出来的程序是一份蛋炒饭,而面向对象写出来的程序是一份盖浇饭。所谓盖浇饭,北京叫盖饭,东北叫烩饭,广东叫碟头饭,就是在一碗白米饭上面浇上一份盖菜,你喜欢什么菜,就浇上什么菜。盖浇饭的好处就是"菜""饭"分离,从而提高了制作盖浇饭的灵活性。饭不满意就换饭,菜不满意就换菜。用软件工程的专业术语就是"可维护性"比较好,"饭"和"菜"的耦合度比较低。蛋炒饭将"蛋""饭"搅和在一起,想换"蛋""饭"中任何一种都很困难,耦合度很高,以至于"可维护性"比较差。软件工程追求的目标之一就是可维护性,可维护性主要表现在 3 个方面:可理解性、可测试性和可修改性。面向对象的好处之一就是显著地改善了软件系统的可维护性。

4.3.5 Java 的访问修饰符

Java 中的修饰符分别为 public、protect、default、private,它们说明了面向对象的封装性,所以要使用它们,应尽可能让权限降到最低,从而提高安全性。

①public 修饰符用于暴露域和方法,以便在类定义的包外部能访问它们。对包和类中必要的接口元素,也需要使用这个级别。main( )方法必须是 public 的,toString( )方法也必须是 public 的。一般不会用 public 暴露一个域,除非这个域已经被声明为 final(跨包访问)。

②protect 修饰符提供一个从包外部访问包(有限制)的方法。在域和方法前增加 protect 修饰符,不会影响同一个包内其他类的方法对它们的访问。要从包外部访问包(其中含有 protect 成员的类),必须保证被访问的类是带有 protect 成员类的子类。也就是说,希望包中的一

个类被包之外的类继承重用时,就可以使用这个级别。一般应该慎用(包中类被包外类继承慎用)。

③default 是默认的保护模式,又叫作包访问,没有任何修饰符时,就采用这种保护模式。包访问允许域和方法被同一个包内任何类的任何方法访问(包内访问)。

④private 修饰符,表示私有的域和方法只能被同一个类中的其他方法访问,实现了数据隐藏;必要时,可以通过方法访问私有变量(类内访问)。

表4-1 具体分析了访问修饰符与访问权限之间的关系。

表4-1 修饰符的访问权限

访问权限	同一类中	同一包中	子类	其他包
public	√	√	√	√
protect	√	√	√	×
default	√	√	×	×
private	√	×	×	×

4.3.6 包

在生活中,整理文档时会经常使用文件夹,把不同类型的文档归类,然后分放到不同的文件夹中,易于管理和查找。在计算机中保存电子文档也不例外,如使用资源管理器可以展开系统中的树形目录结构。

Java 提供包来管理类,类似于文件存储在文件夹中。Java 的类文件可以存储在不同的包中。包主要有以下三个方面的作用:

①把功能相似或相关的类或接口组织在同一个包中,方便类的查找和使用。

②和文件夹一样,包也采用了树形目录的存储方式。同一个包中的类名字是不同的,不同的包中的类的名字可以是相同的,当同时调用两个不同包中相同类名的类时,应该加上包名加以区别。因此,包可以避免名字冲突。

③包也限定了访问权限,拥有包访问权限的类才能访问某个包中的类。

Java 使用包(package)这种机制是为了防止命名冲突,访问控制,提供搜索和定位类(class)、接口、枚举(enumerations)和注释(annotation)等。

要创建一个包(package),只要包含一个 package 命令作为一个 Java 源文件的第一条语句就可以了,例如声明包的语句:

```
packeage com.mingrisoft;
```

在日常的开发中,经常需要使用 Java API 中提供的工具类。除了 java.lang 包中的类,其他的工具类需要导入其所在的包才能够使用。有3种导入类的方式:

①使用 import 语句导入需要使用的类,例如:

```
import java.util.Date;
```

这样,在这个源代码文件中任何地方都可以使用 Date 类。而 Java 中提供的工具类包名通常就是以 java 或者 javax 开头的。

②如果需要使用一个包中的多个类,可以使用符号"*"来进行整体导入,例如:

```
import java.util.*;
```

这样就可以使用 java.util 包中任何类了。不过,使用 * 仅能导入包中的类,不能导入包的子包中的类。

③在使用工具类的地方进行导入,例如:

```
java.util.Date date = new java.util.Date();
```

显然这种方式非常麻烦。其主要用于区分同名的类。例如:一个类中同时使用了 java.util.Date 和 java.sql.Date,可以使用这种方式指明当前位置使用的是哪个类。

4.4 项目实施

任务1 类的定义

类用来创建对象的模板,是一个抽象的概念,就好比人是一个抽象的概念一样,而张三是人的一个具体的实例,那么人和张三的关系就是类与对象的关系。

任务1.1 实现学生类,并输出学生的信息

● 任务需求

定义一个学生类,包含两个成员变量:姓名和入学成绩;两种方法:学习和返回信息。同时,创建测试类。运行结果如图4-1所示。

定义学生类

图 4-1 学生类运行结果

● 任务实现

第一步:创建学生类

```
public class Student {
    String name;      //学生类的属性
    double score;
    public void study(){    //学生类的方法
        System.out.println("我是学生,我爱学习!");
    }
    public String show(){
        return name + "\t" + score;
    }
}
```

第二步:创建学生类的测试类

```
public class StudentTest {
    public static void main(String[] args) {
        Student stu1 = new Student();    //创建学生类的对象 stu1
        stu1.name = "张三";
        stu1.score = 90.5;
        stu1.study();
        System.out.println(stu1.show());
        Student stu2 = new Student();    //创建学生类的对象 stu2
        stu2.name = "李四";
        stu2.score = 100;
        stu2.study();
        System.out.println(stu2.show());
    }
}
```

● 任务解析

本任务的第一步声明了一个名为 Student 的类,其中包含2个属性(即成员变量):name 和 score,分别表示学生的姓名和分数,同时该类内部包含两个基本功能(即方法):study()方法通过输出来表明学生能够学习、show()方法用来返回学生的2个属性值。

本任务的第二步则通过创建 Student 类的实例(即对象),以及对实例对象属性的赋值和方法的调用,来测试 Student 类。实例化一个类的方法是:

```
类名 对象名 = new 类名();
```

其中,new 的作用是分配内存空间。如本任务中 Student stu1 = new Student();创建了一个名为 stu1 的对象,它属于 Student 类的类型,所以,可以说类是对象的类型。

同时,用运算符来使用对象的成员变量或方法,如本任务中,stu1.name = "张三" 及 stu1.study()。

任务1.2 实现学生和教师类,并输出学生和教师的信息

●任务需求

在同一个类中同时创建学生类和教师类,并对其进行测试。运行结果如图4-2所示。

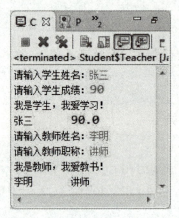

图4-2 学生类和教师类的运行结果

●任务实现

```java
import java.util.Scanner;
class Student1{
    String name;
    double score;
    public void study(){
        System.out.println("我是学生,我爱学习!");
    }
    public String show(){
        return name + "\t" + score;
    }
}
class Teacher1{
    String name;
    String zc;
    public void teach(){
        System.out.println("我是教师,我爱教书!");
    }
```

```
        public String show(){
            return name + "\t" + zc;
        }
    }
    public class Student$Teacher {
        public static void main(String[] args) {
            Student1 stu1 = new Student1();
            Scanner input = new Scanner(System.in);
            System.out.print("请输入学生姓名:");
            stu1.name = input.next();
            System.out.print("请输入学生成绩:");
            stu1.score = input.nextDouble();
            stu1.study();
            System.out.println(stu1.show());

            Teacher1 tea1 = new Teacher1();
            System.out.print("请输入教师姓名:");
            tea1.name = input.next();
            System.out.print("请输入教师职称:");
            tea1.zc = input.next();
            tea1.teach();
            System.out.print(tea1.show());
        }
    }
```

● 任务解析

本任务中,一个 Java 文件中定义了三个类:Student1、teacher1 和 Student $Teacher,这三个类中只有一个公共类,即 public class Student $Teacher。我们知道,Java 文件是由类组成的,且名字一定得与其公共类相同,故本任务的 Java 文件名一定是 Student $Teacher.java。但由于程序设计的原则之一为低耦合,因此,尽量使一个 Java 文件只有一个类。

任务 2 类的无参方法

Java 中的方法是组合在一起来执行操作语句的集合。例如,当调用 System. out. println( ) 方法时,该系统实际上是为了在控制台上显示消息而执行多条语句。

若一个方法中没有参数,则称为类的无参方法。也就是调用该方法不需要给定实参。

任务2.1 实现计算器类

实现计算器类

● **任务需求**

使用面向对象的思想编写一个计算器类 Calculator。定义成员变量为运算数1(num1)和运算数2(num2),实施成员方法加、减、乘和除。运行结果如图4－3所示。

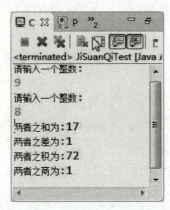

图4－3 计算器类的运行结果

● **任务实现**

第一步:定义计算器类

```java
public class JiSuanQi{
    int a;
    int b;
    public int jia(){
        return a+b;
    }
    public int jian(){
        return a-b;
    }
    public int cheng(){
        return a*b;
    }
    public int chu(){
        return a/b;
    }
}
```

第二步:定义测试类

```java
import java.util.Scanner;
public class JiSuanQi Test {
    public static void main(String[] args) {
        JiSuanQi  jsq = new JiSuanQi();
        Scanner input = new Scanner(System.in);
        System.out.println("请输入一个整数:");
        jsq.a = input.nextInt();
        System.out.println("请输入一个整数:");
        jsq.b = input.nextInt();
        System.out.println("两者之和为:" + jsq.jia());
        System.out.println("两者之差为:" + jsq.jian());
        System.out.println("两者之积为:" + jsq.cheng());
        System.out.println("两者之商为:" + jsq.chu());
    }
}
```

● **任务解析**

定义类的方法必须包括三个部分:方法的名称、方法的返回值类型和方法的主体。Java 中方法的概念和 C 语言中函数的概念是基本相同的。

方法定义包括方法头和方法体。下面是一个方法的所有部分:

修饰符:修饰符是可选的,告诉编译器如何调用该方法。其定义了该方法的访问类型。

返回值类型:方法可以返回一个值,returnValueType 的值是方法返回的数据类型,有些方法没有返回值执行所需的操作。在这种情况下,returnValueType 是关键字 void。

方法名称:这是方法的实际名称。方法名和参数列表一起构成了方法签名。

参数:参数像一个占位符。当调用一个方法,传递一个值给参数时,这个值被称为实际参数或参数。参数列表是指类型、顺序和方法的参数的个数。参数是可选的,也就是说,一个方法可以包含任何参数。

方法体:方法体包含定义哪些方法语句的集合。

任务 2.2　实现成绩计算类,并输出总成绩和平均成绩

● **任务需求**

从键盘接收三门课的分数,计算三门课的平均分和总成绩,编写成绩计算类实现该功能。运行结果如图 4-4 所示。

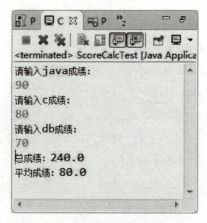

图 4-4 成绩计算类的运行结果

任务实现

第一步:定义成绩计算类

```
public class ScoreCalc{
    double java;    //三个属性,分别表示三门成绩
    double c;
    double db;
    //计算总成绩
    public double tatle(){
        return java+c+db;
    }
    //显示总成绩
    public void showTatle(){
        System.out.println("总成绩:"+tatle());
    }
    //计算平均成绩
    public double avg(){
        return(java+c+db)/3;    //或者 tatle()/3
    }
    //显示平均成绩
    public void showAvg(){
        System.out.println("平均成绩:"+avg());
    }
}
```

第二步:测试类

```
import java.util.Scanner;
public class ScoreCalcTest {
    public static void main(String[] args) {
        ScoreCalc score1 = new ScoreCalc();
        Scanner input = new Scanner(System.in);
        System.out.println("请输入 java 成绩:");
        score1.java = input.nextDouble();
        System.out.println("请输入 c 成绩:");
        score1.c = input.nextDouble();
        System.out.println("请输入 db 成绩:");
        score1.db = input.nextDouble();
        score1.showTatle();
        score1.showAvg();
    }
}
```

● 任务解析

在成绩计算类 ScoreCalc 中,三个成员变量 java、c、db 分别表示三门功课的成绩,计算成绩的方法 Tatle( )返回了三个成员变量的和,显示总成绩的方法 showTatle( )则调用本类中的 Tatle( )方法将总成绩输出。计算平均成绩 Avg( )方法和显示平均成绩 showAvg( )方法也是如此。

本任务说明了:同一个类中方法的调用方式——无须创建对象,直接调用即可,如 showTatle( )方法中的调用语句:System.out.println("总成绩:" + Tatle( ));,直接调用同类中的方法。若是另外一个类之间方法的调用,则需创建该类的对象,再通过对象.方法名进行调用,如测试类中的调用语句 score1.showTatle( )。

任务 3 类的有参方法

带参数的方法通常是为了实现模块化,也就是能够通过某一个方法来实现某个功能,并且具有复用性(可多次使用),通过传递不同的参数来获取不同的结果,不用每次都进行重新定义,大大提高了 Java 程序的执行效率。

任务 3.1 使用带参的方法实现计算器类

● 任务需求

改写任务 2.1 中的计算器类 Calculator。要求将加减乘除方法改写成带参方法,再定义一个运算方法 ope( )来接收用户选择运算的两个数字,根据用户选择的运算计算结果。运算结果如图 4-5 所示。

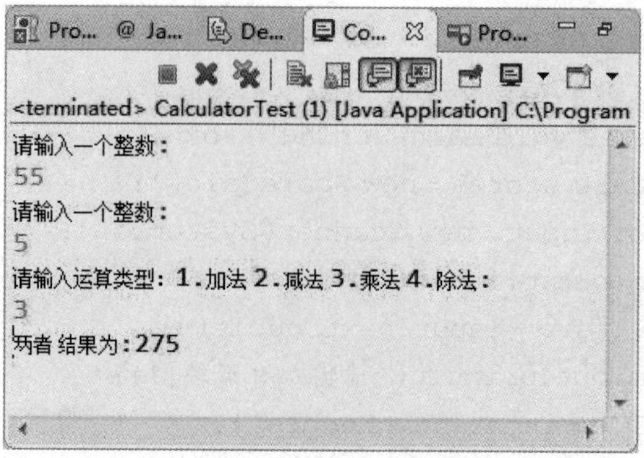

图 4-5　计算器类运算结果

【任务实施】
第一步:定义计算器类

```java
public class Calculator2 {
    //根据测试类传递过来的 op 实参,选择 + - * /
    public int ope(int op,int a,int b){
        if(op ==1){
            return add(a,b);
        }
        else if(op ==2){
            return minus(a,b);
        }
        else if(op ==3){
            return multiple(a,b);
        }
        else{
            return divide(a,b);
        }
    }
    public int add(int a,int b){
        return a+b;
    }
    public int minus(int a,int b){
        return a-b;
    }
    public int multiple(int a,int b){
        return a*b;
    }
    public int divide(int a,int b){
        return a/b;
    }
}
```

第二步:定义测试类

```java
import java.util.Scanner;
public class CalculatorTest {
    public static void main(String[] args) {
        Calculator2 cal2 = new Calculator2();
        Scanner input = new Scanner(System.in);
        System.out.println("请输入一个整数:");
        int a = input.nextInt();
        System.out.println("请输入一个整数:");
        int b = input.nextInt();
        System.out.println("请输入运算类型:1.加法 2.减法 3.乘法 4.除法:");
        int op = input.nextInt();
        System.out.println("两者结果为:" + cal2.ope(op,a,b));
    }
}
```

● 任务解析

本任务中的 Calculator2 类里,定义的加、减、乘、除方法是包含两个参数的方法,而 ope 方法则包含了三个参数。带参方法的定义和调用只是在方法名后面的括号里增加相应的参数列表。

任务 3.2 使用对象类型作为参数实现成绩计算类

● 任务需求

改写任务 2.2 中的成绩计算类,要求定义学生类 Student,包含三门功课成绩为成员变量;再定义成绩计算类 Score,计算总成绩和平均成绩,运行结果如图 4-6 所示。

使用对象类型作为
参数实现成绩计算类

图 4-6 成绩计算类运行结果

● 任务实现

第一步:定义学生类

```java
public class Student {
    float java;
    float c;
    float db;
}
```

第二步：定义学生成绩计算类，参数为对象

```java
public class Score {
    public float tatle(Student student){
        return student.java + student.c + student.db;
    }
    public float avg(Student student){
        float res = 0;
        res = tatle(student)/3;
        return res;
    }
}
```

第三步：定义测试类

```java
public class TestScore {
    public static void main(String[] args) {
        Student student = new Student();
        Score score = new Score();
        student.java = 90;
        student.c = 80;
        student.db = 90;
        System.out.println("该学生的总成绩：" + score.tatle(student));
        System.out.println("该学生的平均成绩：" + score.avg(student));
    }
}
```

● 任务解析

将对象作为参数来传递，实际上体现了面向对象的设计理念，它把相关的数据通过这种方式进行了很好的封装，这样数据可以很容易地一次性被传递，并且对数据的整体操作也很方便。

对象属于引用数据类型（引用数据类型还包括数组、字符串和接口），引用数据类型所传递的值是该对象的地址。当把一个对象作为参数传递给方法时，其实是把对象的地址传递给了该方法的参数。

4.5 拓展练习

一、选择题

1. (　　)是拥有属性和方法的实体。(选两项)
   A. 对象　　　　B. 类　　　　C. 方法　　　　D. 类的实例

2. 对象的静态特征在类中表示为变量,称为类的(　　)。
   A. 对象　　　　B. 属性　　　　C. 方法　　　　D. 数据类型

3. 有一个汽车类 Car,包含属性有:颜色(color)、型号(type)、品牌(brand)。现在要在 main( )方法中创建 Car 类的对象,下面的代码中正确的是(　　)。

   A. Car myCar = new Car;
      myCar color ＝"黑色";

   B. Car myCar = new Car( );
      myCar. brand ＝"宝马";

   C. Car myCar;
      myCar. brand ＝"宝马";

   D. Car myCar = new Car( );
      color ＝"黑色";

4. 下列代码中正确的是(　　)。(选两项)

   A. public String foo( ){
      return"我爱中国";
      }

   B. public void foo( ){
          return"我爱中国";
      }

   C. public String foo( ){
          String s ＝"我爱中国";
          return s;
      }

   D. public int foo( ){
          String s ＝"我爱中国";
          return s;
      }

5. 阅读下面的代码：

```
import java.util.*;
public class Foo{
    public void calc(){
        Scanner input = new Scanner(System.in);
```

```
            System.out.println("请输入一个整数:");
            int i = input.nextInt();
            for(int p = 0,num = 0;p < i;p ++){
                num ++;
            }
            System.out.println(num);
        }
        public static void main(String[ ] args){
            Foo foo = new Foo();
            foo.calc();
        }
    }
```

如果从控制台输入的值为10,程序运行的结果是(   )。

A. 9   B. 8
C. 10   D. 编译出错

6. 在 Java 中,在包 cn.jb.test 中有个一类 Test,则在类 Test 中创建包的语句正确的是(   )。

A. package cn.jb.test.Test;
B. package cn.jb.test;
C. import cn.jb.test;
D. use cn.jb.test;

7. 在 Java 中,方法 change( )定义如下:

```
public int change(int i){
    return i = i +1;
}
```

则如下代码段的输出结果为(   )。

```
int i = 0;
i = change(1);
System.out.println(i);
```

A. 0   B. 1
C. 2   D. 代码 i = change(1)存在错误

8. 给定如下 Java 程序的方法定义,以下可以放在方法体中的是(   )。

```
public String change(int i){
    //方法体
}
```

A. return 100;

B. return 'a';

C. return i + " ";

D. return i;

二、编程题

1. 创建圆形类 Circle。

属性:半径 r;方法:计算周长、显示周长、计算面积、显示面积,并创建测试类 CircleTest。

2. 模拟 ATM 机进行账户余额查询。

提示:编写账户类。属性:账户余额;方法:查询余额。

编写测试类,显示账户余额。

3. 使用带参数的方法改写第 1 题。

4. 根据三角形的三条边长,判断其是直角三角形、钝角三角形还是锐角三角形。功能如下:

- 先输入三角形的三条边长。
- 判断能否构成三角形,构成三角形的条件是"任意两边之和大于第三边",如果不能构成三角形,则提示"不是三角形!"。
- 如果能构成三角形,判断三角形是何种三角形。如果三角形的任意一条边的平方等于其他两条边平方的和,则为直角三角形;如果任意一条边的平方大于其他两条边平方的和,则为钝角三角形;否则,为锐角三角形。

运行结果如图 4-7 所示。

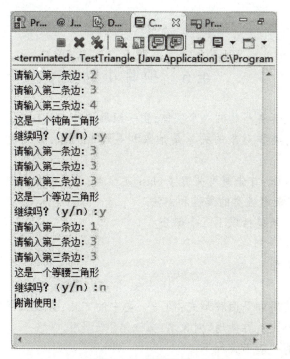

图 4-7　运行结果

5. 编程实现:输入班里 10 名学生的身高,获得身高最高的学生。要求使用对象数组类型的带参方法来实现。运行结果如图 4-8 所示。

图 4-8　运行结果

提示：定义 Student 类,添加身高等属性。

定义 Height 类,定义方法 getMaxHeight( ):

```
public Students getMaxHeight(Students[] stu){
    …
}
```

4.6　项目小结

1. 对象是用来描述客观事物的一个实体,由一组属性和方法构成;类是具有相同属性和方法的一组对象的集合;类和对象的关系是抽象和具体的关系,类是对象的集合,对象是类的实例。

2. 使用类的三个步骤:首先使用关键字 class 定义类;然后使用关键字 new 创建类的对象;最后使用点操作符"."来定义类的属性和方法。

3. 定义类的方法必须包括以下三个部分:

方法的名称

方法返回值的类型

方法体

4. 类的方法调用使用如下两种形式:同一个类中的方法,直接使用方法名调用该方法;不同类的方法,首先创建对象,再使用"对象名.方法名"来调用。

5. 带参方法定义的一般形式如下:

```
<访问修饰符>返回类型<方法名>(参数列表){
    //方法的主体
}
```

6. 调用带参方法与调用无参方法的语法是相同的,但是,在调用带参方法时,必须传入实际参数的值。

7. 形参是指定义方法的时候对参数的称呼,实参是指调用方法时传递给方法的实际的值。

8. Java 中提供包来管理类,包的概念类似于文件夹的概念。创建包使用关键字 package,导入包使用关键字 import。

项目 5

面向对象的三大特性

面向对象技术是目前流行的系统设计开发技术,它包括面向对象分析和面向对象程序设计。面向对象程序设计技术的提出,主要是为了解决传统程序设计方法——结构化程序设计所不能解决的代码重用问题。

面向对象的三大基本特性是:封装、继承和多态。

5.1 学习导航

☆ **工作任务**:

任务1 封装狗和猫的实体类——宠物系统一
 任务1.1 以封装的思路,创建 Dog 和 Cat 类
 任务1.2 构造方法下的 Dog 和 Cat 类

任务2 继承关系下狗和猫类的设计——宠物系统二
 任务2.1 重构宠物系统,使用继承实现
 任务2.2 创建多级继承关系的类,体会继承关系中的构造方法
 任务2.3 使用抽象类重构宠物系统中的 Pet 类

任务3 使用多态模拟主人和宠物的关系——宠物系统三
 任务3.1 模拟办公人员使用打印机
 任务3.2 重构宠物系统,使用多态模拟主人喂食宠物
 任务3.3 重构宠物系统,使用多态模拟主人同宠物玩耍

☆ **技能目标**:

(1)掌握封装的概念及其使用。
(2)掌握继承的有限和实现。
(3)掌握抽象类和抽象方法的使用。
(4)掌握多态的优势和应用场合。
(5)掌握父类和子类之间的类型转换。

5.2 项目情境

面向对象思想编程使我们考虑问题时,将更少的精力放在对关联对象的内部实现上,我们要的只是一个对象而已,至于这个关联对象的实现方式,就不是我们要考虑的了,所以催生了大量的框架。也就是说,正是 Java 面向对象编程的思想催生了这些框架,使用这些框架时,关心的只是这些对象,而不需要去考虑这些对象的内部实现机制,而且这个框架被上万的人使用。

5.3 预备知识

5.3.1 封装

封装是面向对象的特征之一,是对象和类概念的主要特性。封装是把过程和数据包围起来,对数据的访问只能通过已定义的界面。面向对象计算始于这个基本概念,即现实世界可以被描绘成一系列完全自治、封装的对象,这些对象通过一个受保护的接口访问其他对象。一旦定义了一个对象的特性,则有必要决定这些特性的可见性,即哪些特性对外部世界是可见的,哪些特性用于表示内部状态。在这个阶段定义对象的接口。通常,应禁止直接访问一个对象的实际表示,而应通过操作接口访问对象,这称为信息隐藏。事实上,信息隐藏是用户对封装性的认识,封装则为信息隐藏提供支持。封装保证了模块具有较好的独立性,使得程序维护修改较为容易。对应用程序的修改仅限于类的内部,因而可以将应用程序修改带来的影响降到最低程度。

封装从字面上理解就是包装的意思,专业说法就是信息隐藏,是指利用抽象数据类型将数据和基于数据的操作封装在一起,使其构成一个不可分割的独立实体,数据被保护在抽象数据类型的内部,尽可能地隐藏内部的细节,只保留一些对外接口使之与外部发生联系。系统的其他对象只能通过包裹在数据外面的已经授权的操作来与这个封装的对象进行交流和交互。也就是说,用户无须知道对象内部的细节(当然也无法知道),但可以通过该对象对外提供的接口来访问该对象。

对于封装而言,一个对象它所封装的是自己的属性和方法,所以它不需要依赖其他对象就可以完成自己的操作。

使用封装有以下好处:
① 良好的封装能够减少耦合。
② 类内部的结构可以自由修改。
③ 可以对成员进行更精确的控制。
④ 隐藏信息,实现细节。

5.3.2 继承

尽可能地复用代码是程序员一直在追求的,现在介绍一种复用代码的方式,也是 Java 的三大特性之一——继承。

首先离开软件编程的世界。从常识中知道,丈夫、妻子等都是人,而且都有一些共性,如有名字、年龄、性别、脑袋等,此外,他们都拥有吃东西、走路、说话等共同的行为,从这里可以发现他们都拥有人的属性和行为,同时,这些属性和行为也是从人那里继承来的。

继承是使用已存在的类的定义作为基础建立新类的技术。新类的定义可以增加新的数据或新的功能,也可以用父类的功能,但不能选择性地继承父类。通过使用继承,能够非常方便地复用以前的代码,大大提高开发的效率。

继承所描述的是"is-a"的关系,如果有两个对象 A 和 B,若可以描述为"A 是 B",则可以表示 A 继承 B。其中 B 是被继承者,称为父类或者超类;A 是继承者,称为子类或者派生类。

实际上,继承者是被继承者的特殊化,它除了拥有被继承者的特性外,还拥有自己独有的特性。例如,猫有抓老鼠等其他动物没有的特性。同时,在继承关系中,继承者完全可以替换被继承者,反之则不可以。例如,可以说猫是动物,但不能说动物是猫。这称为"向上转型"。

继承定义了类如何相互关联、共享特性。对于若干个相同或者相似的类,可以抽象出它们共有的行为或者属性并将其定义成一个父类或者超类,然后用这些类继承该父类,它们不仅可以拥有父类的属性、方法,还可以定义自己独有的属性或者方法。

使用继承时,注意:

①子类拥有父类非 private 的属性和方法。

②子类可以拥有自己的属性和方法,即子类可以对父类进行扩展。

③子类可以用自己的方式实现父类的方法。

使用继承有许多的优点,不仅可以将所有子类的共同属性放入父类,实现代码共享,避免重复外,而且实现修改扩展和继承的方法比较简单。

5.3.3 多态

多态是指允许不同类的对象对同一消息做出响应。比如,同样的加法,把两个时间加在一起和把两个整数加在一起肯定完全不同。又比如,同样选择"编辑"→"粘贴"操作,在字处理程序和绘图程序中有不同的效果。多态性包括参数化多态性和包含多态性。多态性语言具有灵活、抽象、行为共享、代码共享的优势,很好地解决了应用程序函数同名的问题。

继承为多态的实现做了准备。子类 Child 继承父类 Father,可以编写一个指向子类的父类类型引用,该引用既可以处理父类 Father 对象,也可以处理子类 Child 对象,当相同的消息发送给子类或者父类对象时,该对象就会根据自己所属的引用而执行不同的行为,这就是多态。即多态性就是不同的类对相同的消息做出不同的响应。

Java 实现多态有三个必要条件:继承、重写、向上转型。

①继承:在多态中必须存在有继承关系的子类和父类。

②重写:子类对父类中某些方法进行重新定义,在调用这些方法时就会调用子类的方法。

③向上转型:在多态中需要将子类的引用赋给父类对象,只有这样,该引用才能够具备调用父类的方法和子类的方法的技能。

只有满足了上述三个条件,才能够在同一个继承结构中使用统一的逻辑实现代码处理不同的对象,从而实现不同的行为。

5.4 项目实施

任务 1 封装狗和猫的实体类——宠物系统一

封装(Encapsulation)是面向对象的三大特征之一,就是将类的状态信息隐藏在类的内部,不允许外部程序直接访问,而是通过该类提供的方法来实现对隐藏信息的操作和访问。

封装 Dog 实体类

项目5 面向对象的三大特性

任务1.1 以封装的思路创建 Dog 和 Cat 类

● 任务需求

定义宠物 Dog 和 Cat 类,领养宠物狗时,可以指定昵称和品种;领养宠物猫时,可以指定昵称和性别,但以后不允许改变。类中包含显示宠物信息的方法。运行结果如图5-1所示。

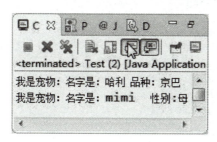

图5-1 宠物信息显示

● 任务实现

第一步:创建 Dog 类

```
public class Dog {
    private String name;         ← 将属性私有化关键字private
    private String strain;
    
    public String getName() {
        return name;
    }
    public void setName(String name) {
        this.name=name;
    }
    public String getStrain() {    ← 提供公共的getter和setter
        return strain;                方法关键字public
    }
    public void setStrain(String strain) {
        this.strain=strain;
    }
    public void print(){
        System.out.println("我是宠物:名字是:"+name+"  品种:"+strain);
    }
}
```

第二步:创建 Cat 类

```java
public class Cat {
    private String name;
    private String sex;

    public String getName() {
        return name;
    }
    public void setName(String name) {
        this.name = name;
    }
    public String getSex() {
        return sex;
    }
    public void setSex(String sex) {
        this.sex = sex;
    }
    public void print(){
        System.out.println("我是宠物:名字是:" + name + "   性别:" + sex);
    }
}
```

第三步:定义测试类

```java
public class Test {
    public static void main(String[] args) {
        Dog dog1 = new Dog();
        dog1.setName("哈利");
        dog1.setStrain("京巴");
        dog1.print();

        Cat cat1 = new Cat();
        cat1.setName("mimi");
        cat1.setSex("母");
        cat1.print();
    }
}
```

→ 通过setter方法设置对象的属性值

项目5 面向对象的三大特性

●任 务 解 析

本任务中首先设置属性的可见性来限制对属性的访问,为每个属性创建一对赋值(setter)和取值(getter)方法,用于对这些属性的存取。这里的 getter 和 setter 方法是 Eclipse 软件自动生成的,生成方法是在属性代码下方右击鼠标,选择"Source"→"Generate Getter and Setter…",在跳出的对话框中全选属性并确定,如图 5-2 和图 5-3 所示。

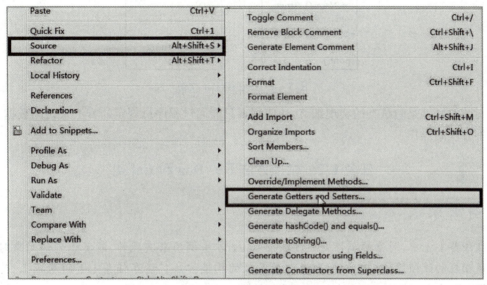

图 5-2 生成 getter、setter 方法(1)

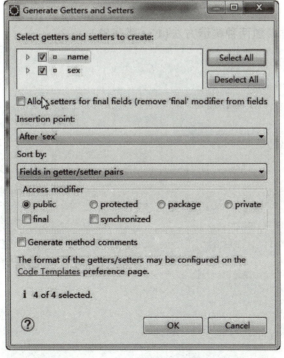

图 5-3 生成 getter、setter 方法(2)

- 105 -

在测试类中创建了类的对象,但由于属性是私有的(private),不能直接通过对象.属性访问,则可使用对象.setter方法设置属性值,如本任务中的dog1.setName("哈利");等语句。

本任务Dog和Cat类图如图5-4所示。

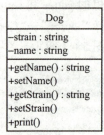
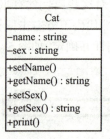

图5-4 Dog和Cat类图

封装的好处是隐藏类的实现细节,让使用者只能通过程序员规定的方法来访问数据,可以限制不合理的操作。

任务1.2 构造方法下的Dog和Cat类

● 任务需求

在任务1.1中,对象的属性是通过多条setter方法调用来实现的,能不能创建对象时一次性完成相应的赋值操作呢?能!即通过带参数的构造方法。请在任务1.1的基础上,为狗和猫类增加多个构造方法。

● 任务实现

第一步:为Dog类增加两种构造方法(Cat类省略)

```java
public class Dog {
    private String name;
    private String strain;

    public Dog() {
    }

    public Dog(String name, String strain) {
        this.name = name;
        this.strain = strain;
    }

    public String getName() {
        return name;
    }
}
```

两种构造方法:一种是无参的,一种是全参的

```java
    public void setName(String name){
        this.name = name;
    }

    public String getStrain(){
        return strain;
    }
    public void setStrain(String strain){
        this.strain = strain;
    }
    public void print(){
        System.out.println("我是宠物:名字是:"+name+"  品种:"+strain);
    }
}
```

第二步:定义测试类,调用带参的构造方法创建对象

```java
public class Test{
    public static void main(String[] args){
        Dog dog1 = new Dog();    //创建 Dog 对象,调用无参的构造方法
        dog1.setName("哈利");
        dog1.setStrain("京巴");
        dog1.print();

        Dog dog2 = new Dog("小花","吉娃娃");//调用两个参数的构造方法
        dog2.print();

        Dog[] dogs = new Dog[5];
        dogs[0] = new Dog();
        dogs[1] = new Dog("小花","吉娃娃");
        dogs[2] = new Dog("小黑","狼犬");

        for(int i = 0;i<3;i++){
            dogs[i].print();
        }
    }
}
```

运行结果如图 5-5 所示。

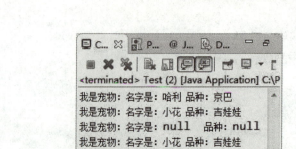

图 5-5 运行结果

● 任务解析

本任务中添加了两种构造方法:一种是无参的,另一种是含两个参数的。构造方法和 getter、setter 方法一样,可以自动生成,步骤如图 5-6 和图 5-7 所示。

构造方法是一种特殊的方法,它是一种与类同名且没有返回值类型的方法。对象的创建就是通过构造方法来完成的,其功能主要是完成对象的初始化。当类实例化一个对象时,会自动调用构造方法。构造方法和其他方法一样也可以重载。本任务中就存在构造方法的重载。

方法重载是指在一个类中定义多种同名的方法,但要求每种方法具有不同的参数的类型或参数的个数。调用重载方法时,Java 编译器能通过检查调用的方法的参数类型和个数选择一种恰当的方法。方法重载通常用于创建一组任务相似但参数的类型或参数的个数不同的方法。方法重载是让类以统一的方式处理不同类型数据的一种手段。Java 的方法重载,就是在类中可以创建多种方法,它们具有相同的名字,但具有不同的参数和不同的定义。调用方法时,通过传递给它们的不同个数和类型的参数来决定具体使用哪种方法。

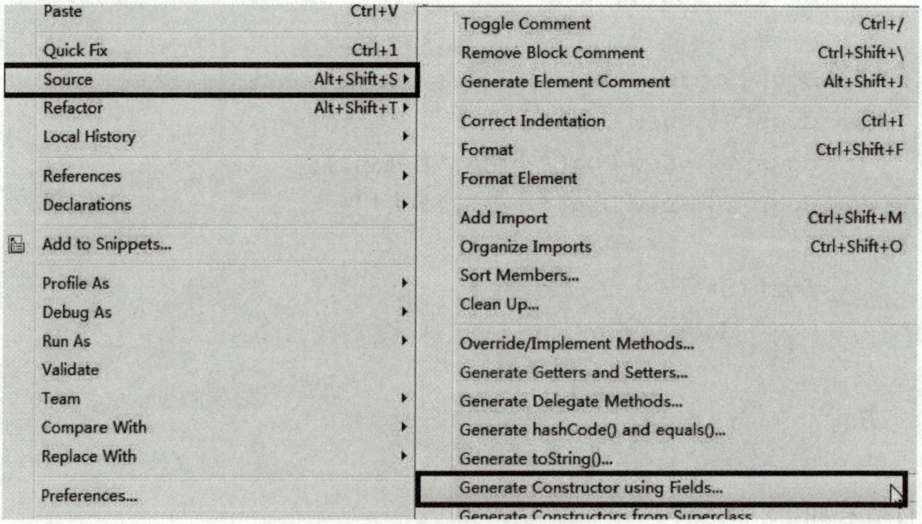

图 5-6 生成构造方法(1)

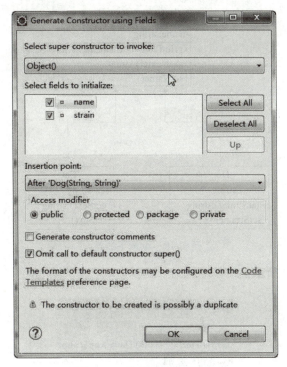

图 5-7 生成构造方法(2)

任务 2　继承关系下狗和猫类的设计——宠物系统二

继承是面向对象最显著的一个特性。继承是从已有的类中派生出新的类,新的类能吸收已有类的数据属性和行为,并能扩展新的能力。Java 继承是使用已存在的类的定义作为基础建立新类的技术,新类的定义可以增加新的数据或新的功能,也可以用父类的功能,但不能选择性地继承父类。这种技术使得复用以前的代码非常容易,能够大大缩短开发周期,降低开发费用。比如,可以先定义一个类——车,车有以下属性:车体大小、颜色、转向盘、轮胎,而又由车这个类派生出轿车和卡车两个类,为轿车添加一个小行李厢,而为卡车添加一个大货箱。

任务 2.1　重构宠物系统,使用继承实现

重构宠物系统
使用继承实现

● 任务需求

在任务 1.2 中抽象出的 Dog 和 Cat 类中,有很多相同的属性和方法,如 name 及其对应的 getter、setter 方法,还有 print( )方法。这样的设计会使代码重复,不利于修改。于是,使用继承,将 Dog 和 Cat 类中相同的属性和方法提取出来放到单独的 Pet 类中,然后让 Dog 和 Cat 类继承 Pet 类,同时保留自己特有的属性和方法。

采用继承优化后的类如图 5-8 所示。

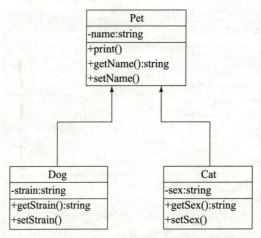

图 5-8 继承下的类

运行结果如图 5-9 所示。

图 5-9 运行结果

●任务实现

第一步：创建父类 Pet，提取公共部分

```java
public class Pet {
    private String name;
    public Pet() {
    }
    public Pet(String name) {
        this.name = name;
    }
    public String getName() {
        return name;
    }
}
```

```
    public void setName(String name){
        this.name = name;
    }
    public void print(){
        System.out.println("我是宠物:" + name);
    }
}
```

第二步:创建 Pet 的子类——Dog 和 Cat 类

创建子类时,要指定其父类,这样可减少代码的编写,操作如图 5-10 所示。

图 5-10 创建子类

```
public class Dog extends Pet {
    private String strain;
    public Dog() {
        super();    //调用父类中的无参构造方法
    }
    public Dog(String name,String strain) {
        super(name);    //调用父类中的带参构造方法
        this.strain = strain;
    }
    public String getStrain() {
        return strain;
```

```java
    }
    public void setStrain(String strain) {
        this.strain = strain;
    }
    //重写父类中的方法
    public void print(){
        super.print();
        System.out.println("狗狗特有的属性:种类:" + strain);
    }
}
```

Cat 类与 Dog 类相似:

```java
public class Cat extends Pet {
private String sex;

    public Cat() {
        super();
    }
    public Cat(String name,String sex) {
        super(name);
        this.sex = sex;
    }
    public String getSex() {
        return sex;
    }
    public void setSex(String sex) {
        this.sex = sex;
    }
    public void print(){
        super.print();
        System.out.println("猫的性别是:" + sex);
    }
}
```

第三步:创建测试类

项目5 面向对象的三大特性

```
public static void main(String[] args){
    Pet pet = new Pet("宠物1");
    pet.print();
    Dog dog = new Dog("狗狗1","哈巴狗");
    dog.print();
    Cat cat = new Cat("猫猫1","女");
    cat.print();
    }
}
```

● 任务解析

在 Java 中,继承通过关键字 extends 来实现,继承是类的三大特性之一,是 Java 中实现代码重用的重要手段之一。Java 中只支持单继承,即每个类只能有一个直接父类。继承表达的是 is a 的关系,或者说是一种特殊和一般的关系,例如 Dog is a Pet。可以让学生继承人、让苹果继承水果等。

在子类中可以根据需求对父类继承的方法进行重写,称为方法的重写或方法的覆盖(overriding)。比如本任务中 Dog 类和 Cat 类中的 print() 方法。方法的重写必须符合如下要求:

①重写方法和被重写方法必须具有相同的方法名。
②重写方法和被重写方法必须具有相同的参数列表。
③重写方法的返回值类型必须和被重写方法的返回值类型相同或者是其子类。
④重写方法不能缩小被重写方法的访问权限。

super 代表对当前对象的直接父类对象的默认引用。在子类中可以通过 super 关键字来访问父类的成员,如本任务子类中的语句 super.print();。

①super 必须出现在子类中(子类的方法和构造方法中),而不是其他位置。
②是访问父类的成员,例如父类的属性、方法、构造方法。
③注意访问权限的限制,例如无法通过 super 访问 private 成员。

任务2.2 创建多级继承关系的类,体会继承关系中的构造方法

● 任务需求

创建三级继承关系的类:Person、Employee 和 Manager。运行结果如图 5-11 所示。

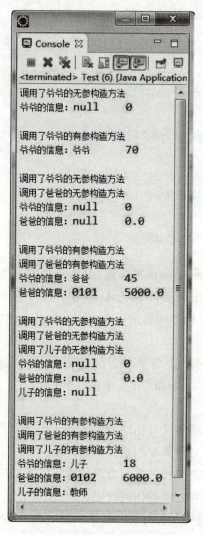

图 5-11 运行结果

●任务实现

第一步:创建父类 Person,包含姓名和年龄两个属性,两种构造方法:相应的 getter、setter 方法和信息显示方法 print

```
public class Person{
    private String name;
    private int age;

    public Person(){
        System.out.println("调用了爷爷的无参构造方法");
```

```
    }
    public Person(String name,int age) {
        this.name = name;
        this.age = age;
        System.out.println("调用了爷爷的有参构造方法");
    }

    public String getName() {
        return name;
    }

    public void setName(String name) {
        this.name = name;
    }

    public int getAge() {
        return age;
    }

    public void setAge(int age) {
        this.age = age;
    }
    public void print(){
        System.out.println("爷爷的信息:" + name + " \t " + age);
    }
}
```

第二步:创建子类 Employee,继承 Person 类

```
public class Employee extends Person {
    private String no;
    private double pay;

    public Employee() {
        super();
        System.out.println("调用了爸爸的无参构造方法");
```

```
    }
    public Employee(String name,int age,String no,double pay){
        super(name,age);
    this.no = no;
    this.pay = pay;
        System.out.println("调用了爸爸的有参构造方法");
    }
    public String getNo(){
        return no;
    }
    public void setNo(String no){
        this.no = no;
    }
    public double getPay(){
        return pay;
    }
    public void setPay(double pay){
        this.pay = pay;
    }
    public void print(){
        super.print();
        System.out.println("爸爸的信息:" + no + " \t " + pay);
    }
}
```

第三步:创建子类 Manager,继承 Employee 类

```
public class Manager extends Employee {
    private String job;

    public Manager(){
        super();
        System.out.println("调用了儿子的无参构造方法");
    }
```

```java
        public Manager(String name,int age,String no,double pay,String job){
            super(name,age,no,pay);
            this.job = job;
            System.out.println("调用了儿子的有参构造方法");
        }

        public String getJob(){
            return job;
        }

        public void setJob(String job){
            this.job = job;
        }

        public void print(){
            super.print();
            System.out.println("儿子的信息:" + job);
        }
    }
```

第四步:测试类

```java
public class Test {
    public static void main(String[] args) {
        Person person1 = new Person();
        person1.print();
        System.out.println();

        Person person2 = new Person("爷爷",70);
        person2.print();
        System.out.println();

        Employee emp1 = new Employee();
        emp1.print();
        System.out.println();

        Employee emp2 = new Employee("爸爸",45,"0101",5000);
        emp2.print();
        System.out.println();

        Manager mag1 = new Manager();
        mag1.print();
        System.out.println();

        Manager mag2 = new Manager("儿子",18,"0102",6000,"教师");
        mag2.print();
    }
}
```

● 任务解析

继承条件下构造方法的调用规则如下：

①如果子类的构造方法中没有通过 super 显式调用父类的有参构造方法，也没有通过 this 显式调用自身的其他构造方法，则系统会默认先调用父类的无参构造方法。

②如果子类的构造方法中通过 super 显式调用父类的有参构造方法，那么将执行父类相应的构造方法，而不执行父类的无参构造方法。

③如果子类的构造方法中通过 this 显式调用自身的其他构造方法，在相应的构造方法中应用以上两条规则。

④特别注意的是，如果存在多级继承关系，在创建一个子类对象时，以上规则会多次向更高一级父类应用，一直到执行顶级父类 Object 类的无参构造方法为止。

本任务中，创建最底层子类对象 Manager mag1 = new Manager( );时，共创建了四个对象。按照创建顺序，依次是 Object、Person、Employee 和 Manager 对象。注意，不要忘记创建 Object 对象。

任务 2.3　使用抽象类重构宠物系统中的 Pet 类

● 任务需求

由于实际生活中有狗、有猫，但没有一种叫宠物的动物，宠物只是我们抽象出来的一个概念，即创建任务 2.1 中的父类 Pet 的对象是没有意义的。那么如何把 Pet 限制为不能实例化呢？

将任务 2.1 中的父类 Pet 改为抽象类，并添加一个抽象方法 eat( )，表示吃的行为。

● 任务实现

第一步，创建抽象父类 Pet，注意选项的勾选（图 5 – 12）

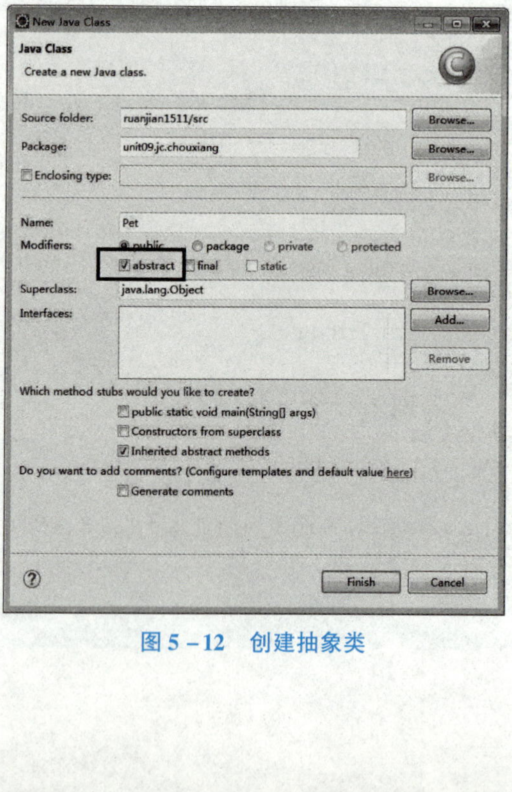

图 5 – 12　创建抽象类

代码如下：

```java
public abstract class Pet {
    private String name;

    public Pet() {
    }

    public Pet(String name) {
        this.name = name;
    }

    public String getName() {
        return name;
    }

    public void setName(String name) {
        this.name = name;
    }

    public void print() {
        System.out.println("我是宠物:" + name);
    }
    public abstract void eat();               //父类中的抽象方法
}
```

第二步：创建 Pet 的子类：Dog 和 Cat 类，子类中重写了父类的抽象方法 eat()

```java
public class Dog extends Pet {

    private String strain;

    public Dog() {
        super();
    }
    public Dog(String name, String strain) {
        super(name);
        this.strain = strain;
    }
```

```java
        public String getStrain() {
            return strain;
        }
        public void setStrain(String strain) {
            this.strain = strain;
        }
        public void print() {
            super.print();
            System.out.println("狗狗特有的属性:种类:" + strain);
        }
        //子类重写父类中的抽象方法
        public void eat() {
            System.out.println("狗狗吃骨头!");
        }
    }
```

Cat 类与 Dog 类类似,也只是在任务 2.1 的基础上增添了 eat( )方法:

```java
        public void eat() {
            System.out.println("猫爱吃鱼!!");
        }
```

第三步:测试类

```java
public class Test {
    public static void main(String[] args) {
    //    Pet pet = new Pet();抽象类不可以创建对象
        Dog dog = new Dog("涵涵","京巴");
        dog.print();
        dog.eat();

        Cat cat = new Cat("猫","雌");
        cat.print();
        cat.eat();
    }
}
```

运行结果如图 5-13 所示。

图 5-13　运行结果

● 任 务 解 析

抽象类和抽象方法都通过 abstract 关键字来修饰。

abstract 抽象类不能实例化。抽象类中可以没有,或有一个或多个抽象方法,甚至可以全部方法都是抽象方法。

abstract 也可用于方法——抽象方法,抽象方法的特点是:

①抽象方法没有方法体,也就是抽象方法只需声明,而不需实现某些功能。

②抽象方法必须在抽象类里。

③抽象方法必须在子类中被实现,除非子类是抽象类。

本任务中父类 Pet 是 abstract 抽象类,里面包含了一个抽象方法 public abstract void eat( )。本方法只是声明,没有实现"吃"这个功能。在子类 Dog 和 Cat 中,由于子类不是抽象类,必须重写父类的抽象方法:

```
public void eat( ){
        System.out.println("狗狗吃骨头!");
    }
```

抽象类不可以创建实例对象,如本任务中的测试类,若出现 Pet pet = new Pet( );,则会出现图 5-14 所示报错信息。

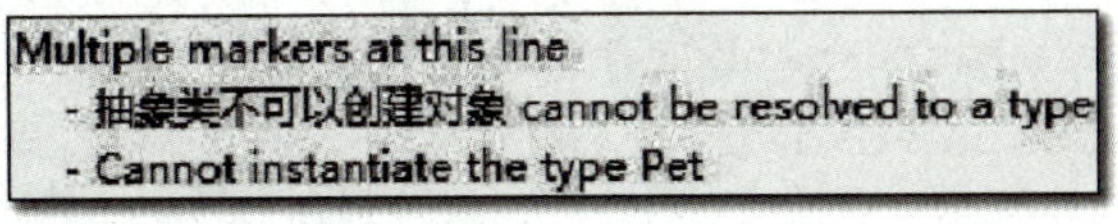

图 5-14　报错信息

任务3　使用多态模拟主人和宠物的关系——宠物系统三

面向对象的三大特性为封装、继承、多态,从一定角度来看,封装和继承几乎都是为多态而准备的。这是最后一个概念,也是最重要的知识点。

多态的定义:允许不同类的对象对同一消息做出响应,即同一消息可以根据发送对象的不同而采用多种不同的行为方式。

实现多态的技术称为动态绑定(dynamic binding),是指在执行期间判断所引用对象的实际类型,根据其实际的类型调用其相应的方法。

多态的作用:消除类型之间的耦合关系。多态不仅可以减少代码量,还可以提高代码的可扩展性和可维护性。

任务3.1　模拟办公人员使用打印机

● **任务需求**

模拟办公人员使用打印机(多态)

办公人员 User 使用打印机。打印机有不同的类型,如针式打印机 DotMatrixPrinter、喷墨打印机 InkpetPrinter 和激光打印机 LaserPrinter,模拟其使用过程。运行结果如图5-15所示。

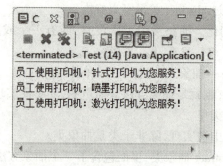

图5-15　运行结果

● **任务实现**

本任务可以先创建一个抽象打印机类 Printer,定义抽象方法 print( ),创建三个子类——针式打印机 DotMatrixPrinter、喷墨打印机 InkpetPrinter 和激光打印机 LaserPrinter,并在各自类中重写方法 print( ),以区别它们之间的不同,然后创建办公人员 User,使用打印机方法 use( ),该方法的功能是使用不同的打印机,最后测试。

第一步:创建抽象父类打印机类 Printer

```
public abstract class Printer {
    public abstract void print();
}
```

第二步:创建三个子类,分别重写父类的抽象方法

```
public class DotMatrixPrinter extends Printer {
    public void print() {
        System.out.println("针式打印机为您服务!");
    }
}
```

```java
public class InkpetPrinter extends Printer {
    public void print() {
        System.out.println("喷墨打印机为您服务!");
    }
}

public class LaserPrinter extends Printer{
    public void print() {
        System.out.println("激光打印机为您服务!");
    }
}
```

第三步：创建办公人员 User

```java
public class User {
    public void use(DotMatrixPrinter dp){
        dp.print();
    }
    publi void use(InkpetPrinter ip){
        ip.print();
    }
    public void use(LaserPrinter lp){
        lp.print();
    }
}
```

> 方法的重载，根据参数（子类的对象）的不同，实现不同的打印机使用方法。

第四步：测试类

```java
public class Test {
    public static void main(String[] args) {
        DotMatrixPrinter dp = new DotMatrixPrinter();
        InkpetPrinter ip = new InkpetPrinter();
        LaserPrinter lp = new LaserPrinter();
        User user = new User();
        user.use(dp);
        user.use(ip);
        user.use(lp);
    }
}
```

● 任务解析

本任务的第一步和第二步体现为抽象类和继承的内容，在前面的任务中已经讲解。第三步中使用了方法的重载，即出现了三个方法名相同，但参数分别为不同子类对象的方法use()，从而实现了根据不同对象，调用不同对象的print()方法。但如果办公人员又使用另外类型的打印机，得知User类中重载第四个use()方法，则参数为第四种打印机的对象。

若能实现如下效果会更简便：User类中只有一个use()方法，可以实现对所有类型打印机的使用，不管使用多少种打印机，均无须修改User类源代码。这就是多态的思想。修改第三步User类的代码如下：

```java
public class User{
    public void use(Printer p){
        System.out.print("员工使用打印机:");
        p.print();
    }
}
```

以上User类的代码中，使用唯一的use(Printer p)方法，以父类Printer的对象p作为形参，取代了多个以子类对象作为参数的use方法。其测试类如下：

```java
public classTest{
    public static void main(String[] args){
        Printer dp = new DotMatrixPrinter();
        Printer ip = new InkpetPrinter();
        Printer lp = new LaserPrinter();
        User user = new User();
        user.use(dp);
        user.use(ip);
        user.use(lp);
    }
}
```

在测试类中，创建子类的对象类型为父类，实现将子类转换成父类。子类转化为父类的规则如下：

①将一个父类的引用指向一个子类对象，称为向上转型(upcasting)，自动进行类型转换，类似于基本数据类型的自动转换。

②此时通过父类引用变量调用的方法是子类覆盖或继承父类的方法，不是父类的方法。

③此时通过父类引用变量无法调用子类特有的方法(后面的任务3.3有另外的实现方法)。

任务 3.2　重构宠物系统,使用多态模拟主人喂食宠物

任务需求

使用多态对主人给宠物喂食的代码进行重构。在任务 2.3 的基础上,创建主人 Master 类,添加唯一的 feed(Pet pet)方法,以父类作为形参。

任务实现

第一步:创建主人 Master 类

```java
public class Master {
    private String name;

    public Master(String name) {
        this.name = name;
    }

    public String getName() {
        return name;
    }

    public void setName(String name) {
        this.name = name;
    }
    public void feed(Pet pet){ //以父类作为参数
        pet.eat();
    }
}
```

第二步:测试类

```java
public class Test {
    public static void main(String[] args) {
        Pet dog = new Dog("涵涵","京巴");
        Pet cat = new Cat("猫","雌");
        Master master = new Master("王小明");

        master.feed(dog);
        master.feed(cat);
    }
}
```

运行结果如图 5-16 所示。

图 5-16 运行结果

● 任 务 解 析

使用多态的优势明显：可以减少代码量,提高代码的可扩展性和可维护性。本任务中的 Master 类可以使用唯一的 feed(Pet pet)方法实现喂食所有动物的功能,也就是将父类对象作为形参,子类对象作为实参,通过 master.feed(dog);及 master.feed(cat);实现同一消息(同样的喂食功能)可以根据发送对象的不同(dog 和 cat)而采用多种不同的行为方式(调用的对象 eat()方法不同)。

综上,实现多态的三个条件：

① 继承的存在(继承是多态的基础,没有继承就没有多态)。如本任务中 Dog、Cat 都继承了 Pet 类。

② 子类重写父类的方法(多态下调用子类重写的方法)。本任务中父类有抽象方法 eat(),而子类 Dog 和 Cat 均分别重写了 eat()方法。

③ 父类引用变量指向子类对象(子类到父类的类型转换)。本任务中的关键代码为：

```
public void feed(Pet pet){
        pet.eat();
    }
```

任务 3.3　重构宠物系统,使用多态模拟主人同宠物玩耍

● 任 务 需 求

前面已经提到,当向上转型发生后,将无法调用子类特有的方法。但是,如果需要调用子类特有的方法,可以通过把父类转换为子类来实现。

若宠物系统中的子类 Dog 拥有自己特有的方法 catchFlyDisc(),表示接飞盘的动作;子类 Cat 拥有自己特有的方法 playBool(),表示玩球的动作,如果把 Dog 和 Cat 对象赋给 Pet 对象,那么,如何调用 catchFlyDisc()和 playBool()方法呢？

本任务要求主人 Master 在任务 3.2 为宠物喂食的基础上实现同宠物玩耍的功能：和狗玩接飞盘、和猫玩球。运行结果如图 5-17 所示。

项目5 面向对象的三大特性

图 5-17 运行结果

● 任 务 实 现

第一步:创建抽象父类 Pet,代码同任务 2.3(略)
第二步:创建子类 Dog 和 Cat,拥有各自独特的方法
Dog 类:

```java
public class Dog extends Pet {
    private String strain;

    public Dog() {
        super();
    }
    public Dog(String name,String strain) {
        super(name);
        this.strain = strain;
    }
    public String getStrain() {
        return strain;
    }
    public void setStrain(String strain) {
        this.strain = strain;
    }
    public void print(){
        super.print();
        System.out.println("狗狗特有的属性:种类:" + strain);
    }
```

```java
    public void eat() {
        System.out.println("狗狗吃骨头!");
    }
    public void catchFlyDisc() {
        System.out.println(super.getName() + "接飞盘");
    }
}
```

同理,Cat 类的独特方法:

```java
public void playBool() {
    System.out.println(super.getName() + "玩球球");
}
```

第三步:主人 Master 类

```java
public class Master {
    private String name;

    public Master(String name) {
        this.name = name;
    }
    public String getName() {
        return name;
    }
    public void setName(String name) {
        this.name = name;
    }
    public void feed(Pet pet){
        pet.eat();
    }
    public void play(Pet pet){
        if(pet instanceof Dog) {
            Dog  dog = (Dog)pet;
            dog.catchFlyDisc();
        }
        elseif(pet instanceof Cat){
            Cat cat = (Cat)pet;
            cat.playBool();
        }
    }
}
```

第四步：测试类

```
public class Test {
    public static void main(String[] args) {
        Pet dog = new Dog("涵涵","京巴");
        Pet cat = new Cat("猫","雌");
        Master master = new Master("王小明");

        master.feed(dog);
        master.feed(cat);

        master.play(dog);
        master.play(cat);
    }
}
```

● **任务解析**

将一个指向子类对象的父类引用赋给一个子类的引用，称为向下转型，此时必须进行强制类型转换。

例如，本任务中 Master 类中语句 Dog dog =（Dog）pet；和 Cat cat =（Cat）pet；就实现了向下转型。

运算符 instanceof 是用来判断类型的，语法为：

> 对象 instanceof 类或者接口

它判断一个对象是否属于一个类或者实现了一个接口，结果为 true 或者 false。在强制类型转换之前，通过 instanceof 运算符检查对象的真实类型，然后再进行相应的强制类型转换，这样就可以避免类型转换异常，从而提高代码健壮性。

使用 instanceof 时，对象类型必须和 instanceof 的第二个参数指定的类型或接口中继承树有上下级关系，否则会出现编译错误，例如，pet instanceof String 会出现编译错误。

instanceof 经常和强制类型转换结合使用。

5.5 拓展练习

一、选择题

1．构造方法重载的要素不包括（　　）。
A．方法名称相同　　B．返回类型不同　　C．参数列表不同　　D．在同一个类中
2．在如下所示的 Sample 类中，共有（　　）个构造方法。

```java
public class Sample{
    private int x;
    public Sample(double f){
        this.x=(int)f;
    }
    public Sample(){
        this.x=2;
    }
    public void Sample(){
        this.x=1;
    }
}
```

A. 0   B. 1   C. 2   D. 3

3. 给定如下 Java 代码,下列(　　)方法可以加入 Child 类中,并且能够保证编译正确。

```java
class Base{
    public void method(){}
}
class Child extends Base{
}
```

A. public void method(String s){}
B. public int method(){return 1;}
C. public int method(int x){return x;}
D. private void method(){}

4. 编译运行如下 Java 代码,输出结果是(　　)。

```java
public class Sample{
    public static void main(String[] args){
        Child c = new Child();
        c.method();
    }
}
class Base extends Object{
    private String name1
    public Base(){
        this.name = "Base constructor";
    }
```

```
    public Base(String pName){
        this.name = pName;
    }
    public void method(){
        System.out.println(name);
    }
}
class Child extends Base{
    public void method(){
        System.out.println("Child method");
    }
    public Child(){
        super("Child constructor");
    }
}
```

A. Base constructor　　　B. Child constructor　　　C. Child method　　　D. 编译错误

5. 已知类关联如下：

```
class Employee{ }
class Manager extends Employee{ }
class Director extends Employee{ }
```

则下列关于创建对象的语句正确的是(　　)。

A. Employee e = new Manager();

B. Director d = new Manager();

C. Director d = new Employee();

D. Manager m = new Director();

二、编程题

1. 定义学生类 Student 的 5 个属性：sNO,sName,sAgSex,ae,sJava,使用封装的方式创建该类，要求含有一个带参数的构造方法。在测试类中，创建 2 个该类的对象，输出学生的信息，并计算 Java 的平均成绩。运行结果如图 5 – 18 所示。

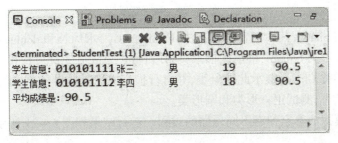

图 5 – 18　运行结果

提示：

Student 类中，包含 5 个私有属性：sNO,sName,sSex,aAge,sJava,1 个全参的构造方法（自动生成），对应 5 组 getter 和 setter 方法（自动生成），1 个现实学生信息的 print 方法。

测试类中，调用全参的构造方法创建 2 个对象，通过获得对象的 sJava 属性值，计算 Java 平均成绩 avg 并显示。

2. 修改任务 1 的测试类，要求创建对象数组 Student[ ] stus = new Student[5];，并为每个对象赋初值，并计算他们的 Java 成绩的平均分、最高分和最低分。运行结果如图 5 – 19 所示。

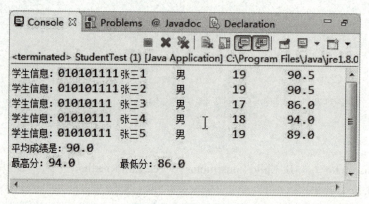

图 5 – 19　运行结果

3. 为本项目的任务 2.1 创建第三个子类 Bird，特有属性为 color，并测试。运行结果如图 5 – 20 所示。

图 5 – 20　运行结果

4. 定义抽象类 Shape，其中包含抽象方法 double getC( )求周长和 double getS( )求面积。
定义一个正方形类 Square，继承此抽象类，并自行扩充成员变量边长和方法。
定义一个圆形类 Circle，继承此抽象类，并自行扩充成员变量半径和方法。
定义一个测试类，测试正方形类和圆形类。

5. 使用多态模拟演奏家弹奏不同乐器的过程。运行结果如图 5 – 21 所示。

图 5-21 运行结果

提示：

首先，创建乐器的抽象父类，包含一个抽象方法 sound()，表示发出声音的功能。

其次，创建属于乐器的子类，如钢琴、鼓和箫，子类重写父类的 sound() 方法。

再次，创建演奏家类，包含演奏的方法 play()，将乐器父类对象作为形参，并调用其公共的 sound() 方法。

最后，创建测试类。

5.6 项目小结

1．构造方法用于创建类的对象。构造方法的作用主要是在创建对象时执行一些初始化操作。可以通过构造方法的重载来实现多种初始化行为。

2．封装就是将类的成员属性声明为私有的，同时提供共有的方法实现对该成员属性的存取操作。

3．封装的好处主要有：隐藏类的实现细节；让使用者只能通过程序员规定的方法来访问数据；可以方便地加入存取控制语句，限制不合理操作。

4．继承是 Java 中实现代码重用的重要手段之一。Java 中只支持单继承，即一个类只能有一个直接父类。java.lang.Object 类是所有 Java 类的祖先。

5．子类中重写的方法和父类中被重写的方法必须具有相同的方法名、参数列表，返回值类型必须和被重写方法的返回值类型相同或者是其子类。

6．抽象类不能实例化。抽象类中可以没有，也可以有一个或多个抽象方法。子类必须重写父类所有的抽象方法才能实例化，否则子类还是一个抽象类。

7．通过多态可以减少类中的代码，可以提高代码的可扩展性和可维护性。继承是多态的基础，没有继承就没有多态。

8．使用父类作为方法的形参是使用多态常用的方式。

9．把子类转换为父类称为向上转型，自动进行类型转换；把父类转换为子类称为向下转型，必须进行强制类型转换。

项目 6 接　口

在上一个项目里,学过抽象类的概念,也就是抽象 abstract 类不能实例化,抽象类中可以没有,也可以有一个或多个抽象方法。虽然接口与抽象类大体上相似,但也有一些细微的差异,可以把接口理解为一个特殊的抽象类,即如果一个抽象类中所有的方法都是抽象方法,就可以使用 Java 提供的接口来表示。接口和多态及抽象类有着非常密切的关系。

接口实现和类继承的规则不同,为了保证数据的安全,继承时一个类只有一个直接父类,也就是单继承,但是一个类可以实现多个接口。接口弥补了类不能多继承的缺点,继承和接口的双重设计既保证了类的数据安全,也变相实现了多继承。

6.1　学习导航

☆ **工作任务**:

任务 1　现实生活中的 USB 接口
　　任务 1.1　约定 USB 接口标准
　　任务 1.2　定义 U 盘类,实现 USB 接口,进行数据传输
　　任务 1.3　定义鼠标类,实现 USB 接口,进行工作,并进行测试
任务 2　使用接口实现打印机打印的功能
　　任务 2.1　定义墨盒接口 InkBox,约定墨盒的标准,并定义两个实现类
　　任务 2.2　定义纸张接口 Paper,约定纸张的标准,并定义两个实现类
　　任务 2.3　定义打印机类,引用墨盒接口、纸张接口实现打印功能
　　任务 2.4　组装打印机,让打印机通过不同的墨盒和纸张实现打印
任务 3　使用接口重构宠物的关系——宠物系统四
　　任务 3.1　定义三个接口,分别表示吃饭、玩飞盘、玩球的能力
　　任务 3.2　定义抽象父类 Pet
　　任务 3.3　定义子类 Dog 和 Cat,继承父类 Pet,实现各自不同的接口
　　任务 3.4　测试宠物系统

☆ **技能目标**:
(1)掌握接口的基础知识。
(2)理解接口表示"一种约定"的含义。
(3)会使用多态和接口结合技术来解决实际问题。

6.2　项目情境

Java 语言只支持单继承机制,不支持多继承。一般情况下,单继承就可以解决大部分子类

对父类的继承问题。但是,当问题复杂时,若只使用单继承,可能会给设计带来许多麻烦。Java 语言解决这个问题的方法是使用接口。

接口是面向对象的又一重要概念,也是 Java 实现数据抽象的重要途径。接口将抽象类更进了一步,它提供了完全的抽象方法,没有任何的实现方法。任何使用这个接口的用户都知道有哪些方法可以调用,因此,接口实际上是被用来定义类之间交互的一种协议。但是,接口不仅是抽象类的一种极端情况,它还可以允许实现多重继承,使类可以塑造多个不同的基类型。

那么,如何使用接口模拟现实,重构之前的宠物系统呢?

6.3 预备知识

6.3.1 接口

大型项目开发中,可能需要从继承链的中间插入一个类,让它的子类具备某些功能而不影响它们的父类。例如 A→B→C→D→E,A 是祖先类,如果需要为 C、D、E 类添加某些通用的功能,最简单的方法是让 C 类再继承另外一个类。但是,Java 是一种单继承的语言,不能再让 C 类继承另外一个父类了,只能移动到继承链的最顶端,让 A 类再继承一个父类。这样,对 C 类、D 类、E 类的修改影响到了整个继承链,所以不具备可插入性的设计。

接口是可插入性的保证。在一个继承链中,任何一个类都可以实现一个接口,这个接口会影响到此类的所有子类,但不会影响到此类的任何父类。此类将不得不实现这个接口所规定的方法,而子类可以从此类自动继承这些方法,这时这些子类具有了可插入性。

我们关心的不是哪一个具体的类,而是这个类是否实现了我们需要的接口。

接口提供了关联及方法调用上的可插入性,软件系统的规模越大,则生命周期越长。接口使软件系统的灵活性和可扩展性得到了增强,可插入性得到了保证。

接口在面向对象的 Java 程序设计中占有举足轻重的地位。事实上,在设计阶段最重要的任务就是设计出各部分的接口,然后通过接口的组合,形成程序的基本框架结构。

接口和类、抽象类是一个层次的概念,命名规则相同。如果修饰符是 public,那么该接口在整个项目中可见。

在接口中可以定义常量,但不能定义变量。接口中的属性都会自动用 public static final 修饰,即接口中的属性都是全局静态常量。接口中的常量必须在定义时指定初始值,即,在接口中,以下两条语句的效果完全相同:

```
public static final int PI = 3.14;
int PI = 3.14;
```

接口中的所有方法都是抽象方法。接口中的方法都会自动用 public abstract 修饰,即接口中只有全局抽象方法。

和抽象方法一样,接口同样不能实例化,接口中不能有构造方法。

接口之间可以通过关键字 extends 实现继承关系,一个接口可以继承多个接口,但接口不能继承类。

一个类虽然只能有一个直接父类，但可以通过关键字 implements 实现多个接口。类必须实现接口的全部方法，否则必须定义为抽象类。类在继承父类的同时，又实现类的多个接口，extends 必须位于 implements 之前。

接口把方法的特征和方法的实现分割开来。这种分割体现在接口常常代表一个角色，它包装与该角色相关的操作和属性，而实现这个接口的类便是扮演这个角色的演员。一个角色由不同的演员来演，而不同的演员之间除了扮演一个共同的角色之外，并不要求其他共同之处。

6.3.2 接口的定义和实现

1. 定义接口

使用 interface 来定义一个接口。接口定义与类的定义类似，也分为接口的声明和接口体两部分，其中接口体由常量定义和方法定义两部分组成。定义接口的基本格式如下：

```
[修饰符] interface 接口名 [extends 父接口名列表]{
    [public][static][final]常量；
    [public][abstract]方法；
}
```

修饰符：可选，用于指定接口的访问权限，可选值为 public。如果省略，则使用默认的访问权限。

接口名：必选参数，用于指定接口的名称，接口名必须是合法的 Java 标识符。一般情况下，要求首字母大写。

extends 父接口名列表：可选参数，用于指定要定义的接口继承于哪个父接口。当使用 extends 关键字时，父接口名为必选参数。

方法：接口中的方法只有定义而没有被实现。

注意：与 Java 的类文件一样，接口文件的文件名必须与接口名相同。

2. 实现接口

在定义接口后，就可以在类中实现该接口。在类中实现接口可以使用关键字 implements，其基本格式如下：

```
[修饰符] class <类名> [extends 父类名][implements 接口列表]{
}
```

修饰符：可选参数，用于指定类的访问权限，可选值为 public、abstract 和 final。

类名：必选参数，用于指定类的名称，类名必须是合法的 Java 标识符。一般情况下，要求首字母大写。

extends 父类名：可选参数，用于指定要定义的类继承于哪个父类。当使用 extends 关键字时，父类名为必选参数。

implements 接口列表：可选参数，用于指定该类实现的是哪些接口。当使用 implements 关键字时，接口列表为必选参数。当接口列表中存在多个接口名时，各个接口名之间使用逗号分隔。

在类中实现接口时,方法的名字、返回值类型、参数的个数及类型必须与接口中的完全一致,并且必须实现接口中的所有方法。

在类的继承中,只能做单重继承,而实现接口时,则可以一次实现多个接口,每个接口间使用逗号","分隔。这时就可能出现常量或方法名冲突的情况,解决该问题时,如果常量冲突,则需要明确指定常量的接口,这可以通过"接口名.常量"实现。如果出现方法冲突,则只要实现一个方法就可以了。

6.3.3 接口和抽象类的区别

1. 语法层面上的区别

①抽象类可以提供成员方法的实现细节,而接口中只能存在 public abstract 方法。

②抽象类中的成员变量可以是各种类型的,而接口中的成员变量只能是 public static final 类型的。

③接口中不能含有静态代码块及静态方法,而抽象类可以有静态代码块和静态方法。

④一个类只能继承一个抽象类,但可以实现多个接口。

2. 设计层面上的区别

①抽象类是对一种事物的抽象,即对类抽象,而接口是对行为的抽象。抽象类是对类的整体进行抽象,包括属性、行为,但是接口却是对类局部(行为)进行抽象。举个简单的例子:飞机和鸟是不同类的事物,但是它们有一个共性,就是都会飞。那么,在设计时,就可以将飞机设计为一个类 Airplane,将鸟设计为一个类 Bird,但是不能将飞行这个特性也设计为类,因为它只是一个行为特性,并不是对一类事物的抽象描述。此时可以将飞行设计为一个接口 Fly,包含方法 fly( ),Airplane 和 Bird 分别根据自己的需要实现 Fly 这个接口。至于不同种类的飞机,比如战斗机、民用飞机等,直接继承 Airplane 即可。鸟也是类似的,不同种类的鸟直接继承 Bird 类即可。从这里可以看出,继承是一个"是不是"的关系,而接口实现则是"有没有"的关系。如果一个类继承了某个抽象类,则子类必定是抽象类的种类,而接口实现则是有没有、具备不具备的关系,比如鸟是否能飞行(或者是否具备飞行这个特点),能飞行则可以实现这个接口,不能飞行就不实现这个接口。

②设计层面不同,抽象类作为很多子类的父类,它是一种模板式设计;而接口是一种行为规范,它是一种辐射式设计。什么是模板式设计?举个最简单的例子,大家都用过 PPT 里面的模板,如果用模板 A 设计了 PPT B 和 PPT C,那么 PPT B 和 PPT C 公共的部分就是模板 A 了。如果它们的公共部分需要改动,则只需要改动模板 A 就可以了,不需要重新对 PPT B 和 PPT C 进行改动。而辐射式设计,比如某个电梯都装了某种报警器,一旦要更新报警器,就必须全部更新。也就是说,对于抽象类,如果需要添加新的方法,可以直接在抽象类中添加具体的实现,子类可以不进行变更;而接口则不行,如果接口进行了变更,那么所有实现这个接口的类都必须进行相应的改动。

6.3.4 修饰符 final

用 final 修饰的类不能再被继承;用 final 修饰的方法不能再被重写;用 final 修饰的变量将变成常量,只能赋值一次。

final class A{},这样定义的类 A 就是最终类,最终类不可被继承,也就是说,不能写 class B extends A{}这样的代码了。

final void B(){},这样定义的方法就是最终方法,最终方法在子类中不可以被重写,也就是说,如果有个子类继承这个最终方法所在的类,那么这个子类中就不能再出现 void B(){}这样的方法了。

声明为 final 的类不能是父类,即 final 不再派生子类。final 可以用来修饰变量和方法。

final 类是处在最底层的类,如果没必要再派生子类,通常用 final 关键字来修饰,表明它是最终类。被 final 修饰的类通常是有固定作用,完成一定标准功能的类,例如 Java 库中的数学类 Math 等。

值得注意的是,final 和 abstract 是功能相反的关键字,可以对比记忆:abstract 可以用来修饰类和方法,不能用来修饰属性和构造方法;final 可以用来修饰类、方法和属性,不能用来修饰构造方法。

6.4 项目实施

任务 1　现实生活中的 USB 接口

生活中 USB 接口很常见。USB 接口实际上是某些企业和组织等制定的一种约定或标准,规定了接口的大小、形状、各引脚信号电平的范围和含义、通信速度、通信流程等,按照该约定设计的各种设备,例如 U 盘、USB 接口的鼠标、USB 键盘、风扇等都可以插到 USB 口上正常工作。

任务 1.1　约定 USB 接口标准

● 任务需求

定义 USB 接口,通过 service()方法提供服务。

● 任务实现

现实生活中的
USB 接口

```
public interface UsbInterface {
        void service();
}
```

● 任务解析

关键字 interface 定义一个接口 UsbInterface,接口的命名规则和类的相同:首字母必须大写,且与文件名同名。

在这个接口中仅定义了一个方法,该方法一定是抽象方法,即接口中所有的方法系统默认为 public abstract,没有方法体。所以,该接口定义中的语句等价于:

```
public abstract void service();
```

任务 1.2　定义 U 盘类,实现 USB 接口,进行数据传输

● 任务需求

U 盘有 USB 接口,符合 USB 接口定义的规范。可以定义一个 U 盘类,它是 USB 接口的实现类,在该类中具体实现 USB 接口定义的抽象方法 service(),进行数据的传输。

● 任务实现

```java
public class UDisk implements UsbInterface {
    public void service() {
        System.out.println("连接USB口,传输数据。");
    }
}
```

● 任务解析

如果一个类使用关键字 implements 实现接口,必须重写接口中的抽象方法,并且该方法的访问限制符必须是 public,因为接口的方法都是 public 类型的,否则,系统会警告缩小了接口中所定义的访问控制权限。

任务 1.3　定义鼠标类,实现 USB 接口,进行工作,并进行测试

● 任务需求

该需求同任务 1.2,用 USB 鼠标实现 USB 接口。测试类中通过创建实现类的对象,调用对象的方法实现 U 盘和 USB 鼠标工作。

● 任务实现

USB 鼠标类:

```java
public class UMouse implements UsbInterface {
    public void service() {
        System.out.println("连接USB口,鼠标工作。");
    }
}
```

测试类:

```java
public class Test {
    public static void main(String[] args) {
        UDisk uDisk = new UDisk();
        uDisk.service();
```

```
        UsbInterface uMouse = new UMouse();
        uMouse.service();
    }
}
```

● 任务解析

如果实现接口的类不是抽象类,则在类的定义部分必须为所有的抽象方法定义方法体,方法头部分应该与接口中定义的完全一致。

接口和抽象类一样,不能实例化,且不能有构造方法。

测试类中创建实现类的对象,并调用其 service( )方法。运行结果如图 6-1 所示。

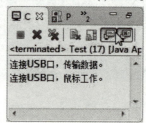

图 6-1 运行结果

任务 2 使用接口实现打印机打印的功能

要实现打印机打印的功能时,打印机的墨盒可能是彩色的,也可能是黑白的,所用的纸张是多种类型的,例如 A4、B5 等,而且墨盒和纸张都不是打印机厂商提供的。打印机厂商如何避免自己的打印机与市场上的墨盒、纸张不符呢?

有效解决问题的途径是制定墨盒、纸张的约定或标准。如果打印机厂商按照约定对墨盒、纸张提供支持,不管最后使用的是哪个厂商的墨盒或纸张,只要符合统一的标准,打印机就可以使用。在 Java 中,接口就表示这样一种约定或标准。

任务 2.1 定义墨盒接口 InkBox,约定墨盒的标准,并定义两个实现类

● 任务需求

定义一个墨盒接口 InkBox,包含一个获取墨盒颜色的方法 getColor( ),再定义该接口的两个实现类 CoulorInkBox 和 GrayInkBox。运行结果如图 6-2 所示。

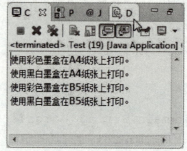

图 6-2 运行结果

任务实现

墨盒接口 InkBox：

```java
public interface InkBox{
    String getColor();
}
```

彩色墨盒实现类 CoulorInkBox：

```java
public class CoulorInkBox implements InkBox{
    public String getColor(){
        return "彩色";
    }
}
```

黑白墨盒实现类 GrayInkBox：

```java
public class GrayInkBox implements InkBox{
    public String getColor(){
        return "黑白";
    }
}
```

任务解析

本任务中的两个实现类中,重写接口的抽象方法 getColor( )分别返回了颜色的种类,是字符串类型。

任务 2.2 定义纸张接口 Paper,约定纸张的标准,并定义两个实现类

任务需求

定义一个纸张接口 Paper,包含一个获取纸张大小的方法 getSize( ),再定义该接口的两个实现类 A4Paper 和 A5Paper。

任务实现

纸张接口 Paper：

```java
public interface Paper{
    public abstract String getSize();
}
```

A4 纸张实现类 A4Paper：

```
public class A4Paper implements Paper{
    public String getSize(){
        return"A4";
    }
}
```

B5纸张实现类B5Paper：

```
public class B5Paper implements Paper{
    public String getSize(){
        return"B5";
    }
}
```

任务2.3 定义打印机类,引用墨盒接口、纸张接口实现打印功能

● 任务需求

打印机类Printer作为墨盒和纸张的使用者,可以将print()方法中的两个参数——墨盒和纸张以接口的形式使用,就可以接受所有实现了这两个接口的类的对象,即使是新推出的墨盒、纸张类型,只要遵守该接口,就能接受。如果采用面向实现编程,两个参数类型使用GrayInkBox和B5Paper(当然,还会有别的组合),就大大限制了打印机的使用范围,无法对新推出的墨盒和纸张提供支持。

● 任务实现

```
public class Printer{
    public void print(InkBox inkBox,Paper paper){
        System.out.println("使用" + inkBox.getColor() + "墨盒在" + paper.getSize() + "纸张上打印。");
    }
}
```

● 任务解析

接口体现了约定和实现相分离的原则,通过面向接口编程,可以降低代码间的耦合性,提高代码的可扩展性和可维护性。面向接口编程就意味着:开发时,主体构架使用接口,接口构成系统的骨架,这样就可以通过更换实现接口的类来更换系统。

任务2.4 组装打印机,让打印机通过不同的墨盒和纸张实现打印

● 任务需求

创建测试类,通过创建打印机、实现类的不同对象,调用打印机的打印方法,实现使用不同

墨盒和纸张的打印功能。

● 任务实现

```
public class Test {
    public static void main(String[] args) {
        InkBox ink1 = new CoulorInkBox();
        InkBox ink2 = new GrayInkBox();
        Paper paper1 = new A4Paper();
        Paper paper2 = new B5Paper();
        Printer printer = new Printer();

        printer.print(ink1,paper1);
        printer.print(ink2,paper1);
        printer.print(ink1,paper2);
        printer.print(ink2,paper2);
    }
}
```

● 任务解析

本任务创建对象时用到了向上转型(upcasting),即创建的是实现类的对象,但类型是接口,这和继承关系下对象的创建类似。

面向接口编程和面向对象编程并不是平级的,它并不是比面向对象编程更先进的一种独立的编程思想,而是附属于面向对象思想体系,属于其一部分。或者说,它是面向对象编程体系中的思想精髓之一。

在系统分析和架构中,分清层次和依赖关系,每个层次不是直接向其上层提供服务(即不是直接实例化在上层中),而是通过定义一组接口,仅向上层暴露其接口功能,上层对于下层仅仅是接口依赖,而不依赖具体类。

接口体现的是一种规范和实现分离的设计哲学,充分利用接口可以极好地降低程序各模块之间的耦合,从而提高系统的可扩展性和可维护性。基于这种原则,通常推荐"面向接口"编程,而不是面向实现类编程,希望通过面向接口编程来降低程序的耦合度。

任务3 使用接口重构宠物的关系——宠物系统四

接口表示一种约定、一种能力,体现了约定和实现相分离的原则。

使用接口将上一单元的贯穿案例宠物系统的类结构进行重构,依次创建相应接口、抽象类、类并进行测试。

任务 3.1　定义三个接口,分别表示吃饭、玩飞盘、玩球的能力

● **任务需求**

定义 Eatable 接口,在接口中定义 eat( )方法,表示吃饭功能;定义 FlyDiscCatchable 接口,在接口中定义 catchFlyDisc( )方法,表示玩飞盘的功能;定义 BollPlayable 接口,在接口中定义 playBoll( )方法,表示玩球的功能。运行结果如图 6-3 所示。

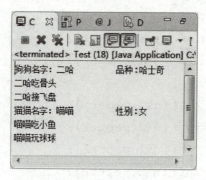

图 6-3　运行结果

● **任务实现**

Eatable 接口:

```
public interface Eatable{
    public abstract void eat();
}
```

FlyDiscCatchable 接口:

```
public interface FlyDiscCatchable{
    void catchFlyDisc();
}
```

BollPlayable 接口:

```
public interface BollPlayable{
    void playBool();
}
```

● **任务解析**

三个接口表示了三种能力,即在接口中使用抽象方法来表示,目的是为实现类打基础。实现类可以有选择性地选择三个接口中的一个或多个来实现,即 Java 通过实现接口达到了多继承的效果。

接口中的方法,默认的为公共的抽象方法,如本任务中的 void catchFlyDisc( )和 void play-

Bool( )方法,不写 public abstract 也是可以的。

任务 3.2　定义抽象父类 Pet

● 任 务 需 求

定义抽象父类 Pet 包括宠物的姓名 name 属性,并提供抽象方法 print( ),用来输出宠物信息。

● 任 务 实 现

```java
public abstract class Pet {
    private String name;

    public Pet() {
    }

    public Pet(String name) {
        this.name = name;
    }

    public String getName() {
        return name;
    }

    public void setName(String name) {
        this.name = name;
    }
    public abstract void print();
}
```

● 任 务 解 析

由于不需要实例化宠物类,只需要实例化宠物类的子类,如狗、猫等,所以将父类设定为抽象类,将子类共同的属性和方法统一在父类中定义。同时,所有的宠物子类都需要显示自己的信息,将 public abstract void print( )方法定义为抽象方法,目的是强迫子类重写该方法,具体实现方法(除非子类也是抽象类)。

任务 3.3　定义子类 Dog 和 Cat,继承父类 Pet,实现各自不同的接口

● 任 务 需 求

子类继承唯一的父类 Pet,但同时能实现多个接口,表示拥有接口对应的不同能力。
定义狗类 Dog,继承 Pet 类,实现 Eatable、FlyDiscCatchable 接口,并重写或实现各方法。

定义猫类 Cat，继承 Pet 类，实现 Eatable、BollPlayable 接口，并重写或实现各方法。

● 任务实现

Dog 类：

```java
public class Dog extends Pet implements Eatable,FlyDiscCatchable {
    private String strain;

    public Dog() {
    }

    public Dog(String name,String strain) {
        super(name);
        this.strain = strain;
    }

    public String getStrain() {
        return strain;
    }

    public void setStrain(String strain) {
        this.strain = strain;
    }
    public void print() {
        System.out.println("狗狗名字:" + super.getName() + "\t 品种:" + strain);
    }

    public void eat() {
        System.out.println(super.getName() + "吃骨头");
    }
    public void catchFlyDisc() {
        System.out.println(super.getName() + "接飞盘");
    }
}
```

Cat 类：

```java
public class Cat extends Pet implements Eatable,BollPlayable {
    private String sex;

    public Cat() {
    }

    Cat(Stringname,String sex){
        super(name);
        this.sex = sex;
    }

    public String getSex() {
        return sex;
    }

    public void setSex(String sex) {
        this.sex = sex;
    }

    public void print() {
        System.out.println("猫猫名字:" + super.getName() + " \t 性别:" + sex);
    }

    public void eat() {
        System.out.println(super.getName() + "吃小鱼");
    }

    public void playBool() {
        System.out.println(super.getName() + "玩球球");
    }
}
```

任务解析

宠物狗是宠物的子类,使用 extends Pet 来表示,同时狗又拥有接口 Eatable 和 FlyDiscCatchabl 表示的吃饭和扔飞盘的能力,使用 implements Eatable、FlyDiscCatchable 来表示。于是,在 Dog 类中,除了定义自己相应的属性、方法外,必须重写父类中定义的抽象方法和两个接口中定义的抽象方法。

宠物猫同宠物狗的实现一样,只不过实现的接口有所不同。

本任务体现了使用抽象类和接口的不同:抽象类能够保证实现的层次关系,避免代码重复。总的来说:

①抽象类和接口都不能直接实例化,如果要实例化,抽象类变量必须指向实现所有抽象方

法的子类对象,接口变量必须指向实现所有接口方法的类对象。

②抽象类要被子类继承,接口要被类实现。

③接口只能做方法申明,抽象类中可以做方法申明,也可以做方法实现。

④接口里定义的变量只能是公共的静态的常量,抽象类中的变量是普通变量。

⑤抽象类里的抽象方法必须能全部被子类实现,如果子类不能全部实现父类抽象方法,那么该子类只能是抽象类。同样,一个类实现接口的时候,如不能全部实现接口方法,那么该类也只能为抽象类。

⑥抽象方法只能声明,不能实现。abstract void abc();不能写成 abstract void abc(){}。

⑦抽象类里可以没有抽象方法。

⑧如果一个类里有抽象方法,那么这个类只能是抽象类。

⑨抽象方法要被实现,所以不能是静态的,也不能是私有的。

⑩接口可继承接口,并可多继承接口,但类只能单根继承。

然而,即使在使用抽象类的场合,也不要忽视通过接口定义行为模型的原则。从实践的角度来看,如果依赖于抽象类来定义行为,往往导致过于复杂的继承关系,而通过接口定义行为能够更有效地分离行为与实现,为代码的维护和修改带来方便。

任务 3.4 测试宠物系统

● **任 务 需 求**

编写测试类,实现显示狗信息、狗吃饭、玩飞盘,以及猫信息、猫吃饭、玩球的功能。

● **任 务 实 现**

```java
public class Test {
    public static void main(String[] args) {
        Dog dog = new Dog("二哈","哈士奇");
        dog.print();
        dog.eat();
        dog.catchFlyDisc();

        Cat cat = new Cat("喵喵","女");
        cat.print();
        cat.eat();
        cat.playBool();
    }
}
```

● **任 务 解 析**

本任务创建的对象只能是子类的,因为抽象父类和接口都不能实例化,通过子类的对象方法的调用实现各功能。

6.5 拓展练习

一、选择题

1. 下面的程序中定义了一个 Java 接口,其中包含(　　)处错误。

```
public interface Utility{
    private int MAX_SIZE =20;
    int MIN_SIZE =10;
    void use(){
        System.out.println("using it");
    }
    private int getSize();
    void getSize(int i);
}
```

A. 1　　　　　　　B. 2　　　　　　　C. 3　　　　　　　D. 4

2. 给定如下 Java 代码,不可以填入下划线的语句是(　　)。

```
public interface Utility{}
class FourWheeler implements Utility{}
class Car extends FourWheeler{}
class Bus extends FourWheeler{}
public class Test{
    public static void main(String[] args){
        _____
    }
}
```

A. Utility car = new Car( );

B. FourWheeler bus = new Bus( );

C. Utility ut = new Utility( );

D. FourWheeler fw = new FourWheeler( );

3. 以下关于接口的说法中,错误的是(　　)。

A. 接口中的全部方法都是抽象方法,所有方法必须是 public 访问权限

B. 接口中的属性都是用 public static final 修饰的

C. 接口可以有构造方法

D. 一个类只能有一个父类,但可以同时实现多个接口

4. 在 Java 中,能实现多重继承效果的方式是(　　)。

A. 内部类　　　　　B. 适配器　　　　　C. 接口　　　　　D. 同步

5. 下面说法正确的是(　　)。

A. 在 Java 中,只允许单一继承
B. 在 Java 中,一个类只能实现一个接口
C. 在 Java 中,一个类不能同时继承一个类和实现一个接口
D. Java 的多继承使代码更可靠

二、编程题

1. 阅读并理解以下程序:

```java
interface Animal{
    void shout();
}
class Dog implements Animal{
    public void shout(){
        System.out.println("汪汪!");
    }
}
class Cat implements Animal{
    public void shout(){
        System.out.println("喵喵!");
    }
}
class Pig implements Animal{
    public void shout(){
        System.out.println("哦哦!");
    }
}
class Store{
    public static Animal get(String choice){
        if(choice.equals("dog")){
            return new Dog();
        }
        else if(choice.equals("cat")){
            return new Cat();
        }
        else    {
            return new Pig();
        }
    }
}
```

```
public class AnimalTest {
  public static void main(String[] args) {
      Animal a1 = Store.get("dog");
      a1.shout();

      Animal a2 = Store.get("cat");
      a2.shout();

      Animal a3 = Store.get("pig");
      a3.shout();
   }
}
```

将该程序进行扩展,要求如下:

第一步:增加一种新的动物类型 Cow(牛),实现 shout( )方法。

第二步:修改 Store 类的 get 方法,为其增加一条动物牛的选择分支,如果输入的参数是字符串 cow,则返回一个 Cow 对象。

第三步:在测试类中加以测试,看看与预期的结构是否一致。

2. 作为一名合格的软件工程师,不仅要具备熟练的编码能力,还要懂业务,具备和客户、同事良好交流业务的能力。在 Java 编程中,如何描述和实现这样一个问题呢?

分析:项目经理和部门经理同样要精通业务,程序员具备编写代码的能力,两种能力并非软件工程师独有。为了降低代码间的耦合性,提高代码的可扩展性和可维护性,可以考虑把这两种能力提取出来作为接口存在,让具备这些能力的类来实现这些接口。具体步骤如下:

第一步:创建人员 Person 接口,可以返回自己的姓名。

第二步:创建编码人员 Programmer 接口,继承 Person 接口,具备编码能力。

第三步:创建业务人员 BizAgent 接口,继承 Person 接口,具备谈业务的能力。

第四步:创建 SoftEngineer 类,同时实现 Programmer 接口和 BizAgent 接口。

第五步:编写测试类,让软件工程师写代码、讲业务。

运行结果如图 6-4 所示。

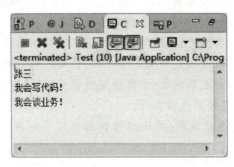

图 6-4 运行结果

3. 在任务 3.3 的基础上,创建主人类 Master,使用接口实现主人喂食宠物的过程。

4. 使用接口实现显卡、声卡、网卡通过 PCI 插槽工作。
   PCI 接口,具有方法:开始工作 start( )、结束工作 stop( )。
显卡类,实现 PCI 接口。
声卡类,实现 PCI 接口。
网卡类,实现 PCI 接口。
装配类,安装各种适配卡并让其开始工作、结束工作。
运行结果如图 6-5 所示。

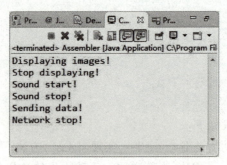

图 6-5 运行结果

5. 使用打印机打印教员、学员、学校的信息。
   Introduceable 接口,定义方法 detail( ),具有自我介绍情况的能力。
教员类,实现 Introduceable 接口,具有自我介绍情况的能力。
学员类,实现 Introduceable 接口,具有自我介绍情况的能力。
学校类,实现 Introduceable 接口,具有自我介绍情况的能力。
请利用接口的知识,编写代码实现该需求,并编写测试方法进行测试。

6.6 项目小结

1. 接口(英文:Interface),在 Java 编程语言中是一个抽象类型,是抽象方法的集合。一个类通过继承接口的方式来继承接口的抽象方法。

2. 接口中属性都是全局静态常量,接口中方法都是全局抽象方法,接口中没有构造方法。

3. 类只能继承一个父类,但可以实现多个接口。一个类须实现接口的全部方法,否则必须定义为抽象类。Java 通过实现接口达到了多重继承的效果。

4. 接口表示一种约定、一种能力,并且体现了约定和实现相分离的原则。

5. 通过面向接口编程,可以降低代码间的耦合性,提高代码的可扩展性和可维护性。

6. 面向接口编程意味着:开发系统时,主体框架使用接口,接口构成系统的骨架,这样就可以通过更换实现接口的类来更换系统的实现。

7. 用 final 修饰的类不能再被继承;用 final 修饰的方法不能再被重写;用 final 修饰的变量将变成常量,只能赋值一次。

阶段实训二　动物乐园

☆ **任务需求**

以面向对象思想设计动物乐园系统。

动物乐园包括的成员：猫、鸭子……

属性：名称、腿

方法：叫

设计类图及编码实现。

阶段1：设计猫和鸭类结构，画出类图并写出代码

☆ **需求说明**　以面向对象思想设计猫和鸭的类结构，画出类图并写出代码。

☆ **实现思路**：

①发现类。

②类的属性。

③发现类的方法。

④优化设计。

参考运行结果如实训图2-1所示。

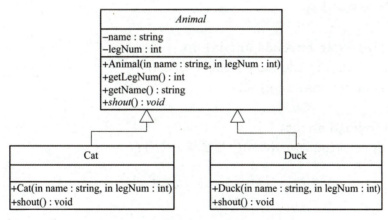

实训图2-1　运行结果

● **任务实现**

```
package shixun2.step1;
/**
 * 动物抽象类。
 */
```

```java
public abstract class Animal {
    private String name = null;//名字
    private int legNum = 0;  //腿的条数
    public Animal(String name, int legNum) {
        this.name = name;
        this.legNum = legNum;
    }

    public String getName() {
        return name;
    }
    public int getLegNum() {
        return legNum;
    }
    public abstract void shout();

}


package shixun2.step1;
/**
 *猫类,动物类的子类。
 */
public class Cat extends Animal {
    public Cat(String name, int legNum) {
        super(name, legNum);
    }
    public void shout() {
        System.out.println("喵喵喵……");
    }
}

package shixun2.step1;
/**
 *鸭类,动物类的子类。
 */
public class Duck extends Animal {
    public Duck(String name, int legNum) {
        super(name, legNum);
    }
```

```
    public void shout() {
        System.out.println("嘎嘎嘎……");
    }
}
```

阶段2：增加新成员海豚，重新设计类结构

☆ 需求说明

动物乐园增加一个新成员海豚，海豚的叫声是"海豚音……"。

实现思路：

①对 Animals 类重新设计。

②海豚类同时继承类和实现接口。

参考运行结果如实训图 2-2 所示。

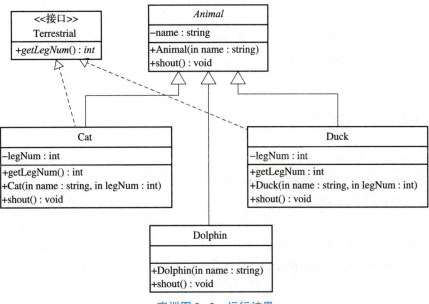

实训图 2-2　运行结果

任务实现

```
package shixun2.step2;
/**
 * 动物抽象类。
 */
public abstract class Animal {
    private String name = null;//名字
    public Animal(String name) {
        this.name = name;
```

```java
    }
    public String getName() {
        return name;
    }
    public abstract void shout();
}

package shixun2.step2;
/**
 *陆生接口。
 */
public interface Terrestrial {
    public int getLegNum();
}

package shixun2.step2;

/**
 *海豚类,动物类的子类。
 */
public class Dolphin extends Animal {
    public Dolphin(String name) {
        super(name);
    }
    public void shout() {
        System.out.println("海豚音……");
    }
}

package shixun2.step2;
/**
 *猫类,动物类的子类,实现陆生接口。
 */
public class Cat extends Animal implements Terrestrial {
    private int legNum = 0; //腿的条数

    public Cat(String name, int legNum) {
        super(name);
```

```java
        this.legNum = legNum;
    }

    public void shout() {
        System.out.println("喵喵喵……");
    }

    public int getLegNum() {
        return legNum;
    }
}

package shixun2.step2;
/**
 * 鸭类,动物类的子类,实现陆生接口。
 */
public class Duck extends Animal implements Terrestrial {
    private int legNum = 0; //腿的条数

    public Duck(String name,int legNum) {
        super(name);
        this.legNum = legNum;
    }

    public void shout() {
        System.out.println("嘎嘎嘎……");
    }

    public int getLegNum() {
        return legNum;
    }
}
```

阶段3：输出各种动物叫声

☆ 需求说明

在阶段2编写的Java代码的基础上,分别创建Cat、Duck、Dolphin对象并放到一个数组中,对数组进行遍历,输出各种动物叫法。

参考运行结果如实训图2-3所示。

实训图 2-3　运行结果

●任务实现

```java
package shixun2.step3;
import shixun2.step2.Animal;
import shixun2.step2.Cat;
import shixun2.step2.Dolphin;
import shixun2.step2.Duck;
/**
 *测试类,创建各种动物对象,让动物发出叫声。
 */
public class Test {
    public static void main(String[] args) {
        Animal[] animals = new Animal[3];
        animals[0] = new Cat("加菲猫", 4);
        animals[1] = new Duck("唐小鸭", 4);
        animals[2] = new Dolphin("海豚奇奇");
        System.out.println("动物名字\t\t动物叫");
        for (int i = 0; i < animals.length; i ++) {
            System.out.print(animals[i].getName() + "\t\t");
            animals[i].shout();
        }
    }
}
```

阶段 4：输出各种动物腿的条数

☆ **需求说明**

在阶段 3 代码的基础上,对数组进行遍历,输出各种动物腿的条数。
参考运行结果如实训图 2-4 所示。

实训图 2-4　运行结果

阶段实训二 动物乐园

● 任务实现

```java
package shixun2.step4;

import shixun2.step2.Animal;
import shixun2.step2.Cat;
import shixun2.step2.Dolphin;
import shixun2.step2.Duck;
import shixun2.step2.Terrestrial;

/**
 * 测试类,创建各种动物对象,输出动物的腿的条数。
 */
public class Test {
    public static void main(String[] args) {
        Animal animals[] = new Animal[3];
        animals[0] = new Cat("加菲猫", 4);
        animals[1] = new Duck("唐小鸭", 2);
        animals[2] = new Dolphin("海豚奇奇");
        System.out.println("动物名字\t\t腿的条数\t\t动物叫");
        for (int i = 0; i < animals.length; i++) {
            if (animals[i] instanceof Terrestrial) {
                String name = animals[i].getName();
                int legNum = ((Terrestrial) animals[i]).getLegNum();
                System.out.print(name + "\t\t" + legNum + "\t\t");
                animals[i].shout();
            } else {
                String name = animals[i].getName();
                System.out.print(name + "\t\t" + 0 + "\t\t");
                animals[i].shout();
            }
        }
    }
}
```

阶段三　Java 技术进阶

　　这一阶段将认识 Java 的异常处理机制、连接和操作数据库技术、图形界面编程技术和事件处理机制。通过对 Java 的异常处理机制的学习,能应对程序运行出现的各种异常,保证程序正常运行;通过对连接和操作数据库技术的学习,能通过编写 Java 程序来直接访问不同的数据库,保证数据安全;通过对图形界面编程技术和事件处理机制的学习,能实现漂亮的界面设计和各种事件的响应。通过本阶段的学习,将对 Java 语言的理解和应用有新的飞跃。

项目 7
Java 常用类

为方便学习者学习，Java 编程语言中编制了许多类，这些类已经经过测试，都是编程的基础。如果不利用这些已存在的类，编程工作将变得异常复杂并且效率低下。所以，应尽可能多地掌握 Java 基本类库的内容。类库中的类按照其用途而归属于不同的包中。Java 的类库是 Java 语言的重要组成部分，Java 编程的水平在很大意义上取决于掌握 Java 类库的多少和熟练程度。通过本章的学习，应当掌握在 Java 程序中使用 Java 类库的方法，掌握几种常用的类。

7.1 学习导航

☆ **工作任务：**
  任务 1　使用 Date 类获取系统当前时间
  任务 2　输出 10 的平方根并产生 1~100 之间的随机数
    任务 2.1　用一定的格式输出 10 的平方根
    任务 2.2　通过一个 30 次的循环，每次产生一个 1~100 之间的随机数
  任务 3　使用 List 接口的常用类存储宠物信息
    任务 3.1　使用 ArrayList 存储和输出狗狗信息
    任务 3.2　使用 LinkedList 存储和输出狗狗信息
  任务 4　使用 Map 集合建立国家英文简称和中文全称之间的键值映射
  任务 5　使用 Applet 类创建小应用程序计算成绩

☆ **技能目标：**
  (1) 能使用 Date 类获取系统当前时间。
  (2) 能使用 Math 类进行科学计算。
  (3) 能使用集合容器存储各种对象。
  (4) 能创建 Applet 小程序。

7.2 项目情境

Java 程序中使用的类分为两种：系统定义的类和用户自定义的类。在项目 4 的类和对象中，已经学习了如何定义和使用一个类，那么如何使用 Java 已经创建好的系统类呢？比如如何使用系统类获取当前系统时间？如何产生一个随机数？

7.3 预备知识

7.3.1 Date 类

Date 类中的 java.util 包中,使用 Date 类的无参构造方法创建的对象可以获取当前时间。

1. 使用 Date 类代表当前系统时间

```
Date d = new Date();
System.out.println(d);
```

使用 Date 类的默认构造方法创建出的对象就代表当前时间,可以直接输出 Date 类型的对象,显示的结果如下:

```
Wed Nov 09 11:26:38 CST 2016
```

在该格式中,Wed 代表 Wednesday(周三),Nov 代表 November(11月),09 代表 9号,CST 代表 China Standard Time(中国标准时间,也就是北京时间(东八区))。

2. 使用 Date 类代表指定的时间

```
Date d1 = new Date(2016 - 1900, 11 - 1, 9);
System.out.println(d1);
```

使用带参数的构造方法,可以构造指定日期的 Date 类对象,Date 类中年份的参数应该是实际需要代表的年份减去 1900,月份的参数是实际需要代表的月份减去 1 以后的值。例如,上面的示例代码代表就是 2016 年 11 月 9 号。

实际代表具体的年月日时分秒的日期对象和这个类似。

3. 获得 Date 对象中的信息

```
Date d2 = new Date();
int year = d2.getYear() + 1900;
int month = d2.getMonth() + 1;
int date = d2.getDate();
int hour = d2.getHours();
int minute = d2.getMinutes();
int second = d2.getSeconds();
int day = d2.getDay();
```

使用 Date 类中对应的 get 方法,可以获得 Date 类对象中相关的信息,需要注意的是,使用 getYear 获得的是 Date 对象中年份减去 1900 以后的值,所以,需要显示对应的年份则在返回值的基础上加上 1900,月份类似。在 Date 类中还提供了 getDay 方法,用于获得 Date 对象代表的时间是星期几,Date 类规定周日是 0,周一是 1,周二是 2,后续的依此类推。

7.3.2 Math 类

Math 中包含许多用来科学计算的类方法,这些方法可以直接通过类名调用,同时,该类中包含 E 和 PI 两个静态常量:

```
public static final Double E = 2.7182818284590452354
public static final Double PI = 3.14159265358979323846
```

以下是 Math 类的常用方法:

public static long abs(double x):传回 x 的绝对值。x 也可以是 int long float。
public static long sin(double x):传回 x 径度的正弦函数值。
public static long cos(double x):传回 x 径度的余弦函数值。
public static long tan(double x):传回 x 径度的正切函数值。
public static long asin(double x):传回 x 值的反正弦函数值。
public static long acos(double x):传回 x 值的反余弦函数值。
public static long atan(double x):传回 x 值的反正切函数值。
public static long atan2(double x,double y):传回极坐标(polar)的 θ 值。
public static long floor(double x):传回不大于 x 的最大整数值。
public static long ceil(double x):传回不小于 x 的最小整数值。
public static long exp(double x):传回相当于 ex 值。
public static long log(double x):传回 x 的自然对数函数值。
public static long max(double x,double y):传回 x、y 中的较大数。
public static long min(double x,double y):传回 x、y 中的较小数。
public static long pow(double x,double y):传回 x 的 y 次幂值。
public static long sqrt(double x):传回 x 的开平方值。
public static long rint(double x):传回最接近 x 的整数值。
public static long round(double x):传回 x 的四舍五入值。
public static long toDegrees(double angrad):传回将 angrad 径度转换成的角度。
public static long toRadians(double angdeg):传回将 angdeg 角度转换成的径度。
public static long random():传回随机数值,产生一个 0~1 之间的随机数(不包括 0 和 1)。

7.3.3 集合框架

在 Java 中,数组可以存放基本数据类型,也可以存放对象,在创建数组时,必须指明数组的长度,且长度是固定的,另外,同一个数组只能存放同一种数据类型的数据。而在实际情况下,数据的个数和类型往往是根据需求进行调整、变化的,为此,Java 提供了集合容器来保存和操作这样的一组数据。

Java 集合容器提供了一套性能优良、使用方便的接口和类,它们都位于 java.util 包中,Java 集合框架包含的主要内容和彼此之间的关系如图 7-1 所示。

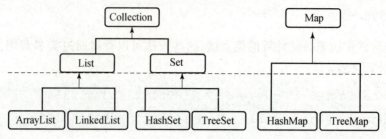

图 7-1　Java 集合容器简图

从图 7-1 可以看出,Java 集合容器共有两大接口:Collection 和 Map,其中 Collection 又有两个子接口——List 和 Set,所以通常说 Java 集合容器共有三大接口:List、Set 和 Map。它们的共同点在于都是集合接口,都可以用来存储很多对象。它们的区别如下:

①List 接口存储一组不唯一、有序(插入顺序)的对象。

②Set 接口存储一组唯一、无序的对象。

③Map 接口存储一组键值对象,提供 key(键)到 value(值)的映射。Map 中的 key 不要求有序,不允许重复。value 同样不要求有序,但允许重复。

List 可以理解为前面讲过的数组,元素的内容可以重复并且有序,如图 7-2 所示。

0	1	2	3	4	5
aaaa	dddd	cccc	aaaa	eeee	dddd	

图 7-2　List 集合示意图

Set 可以理解为数学中的集合,或者理解成一个大麻袋,里面数据不重复并且无序,如图 7-3 所示。

图 7-3　Set 集合示意图

Map 也可以理解为数学中的集合,或者理解成一个大麻袋,只是其中每个元素都是由 key 和 value 两个对象组成的,如图 7-4 所示。

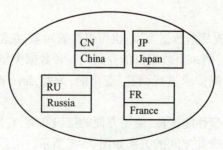

图 7-4　Map 集合示意图

图 7-1 虚线下方是上述接口的实现类。例如 ArrayList、LinkedList、HashSet、TreeSet、HashMap 等。

7.3.4 Applet 类

Applet 小程序是一种特殊的 Java 程序,此类程序是靠兼容 Java 的 Internet 网络浏览器解释执行的,例如 Mocrosoft 的 IE 浏览器等。

Applet 小程序的工作方式是,编译好的字节码文件(.class 文件)保存在服务器上,而嵌入了该.class 文件的 HTML 文件可以保存在同一服务器上,也可以保存在另一台服务器上。当浏览器下载 HTML 文件到客户端,解释其中的语言标记并显示页面时,如果发现其中嵌有 Applet 小程序,浏览器就根据 Applet 程序的名称和地址把字节码从服务器下载到本地,并利用浏览器对 Java 的解释功能执行这些字节码。

Applet 类是 Java 系统类 java.awt.Panel 的子类。建立 Applet 程序时,必须把 Applet 类作为用户类的父类,因此 Applet 程序中开始部分的典型写法是:

```
import java.Applet.*;
    public class AppletName extends Applet{
      ...
    }
```

Applet 的执行过程称为 Applet 的生命周期。一个 Applet 生命周期涉及如下基本动作及对应的方法,这些方法也正是一个完整的 Applet 所包含的。

1. 初始化——init( )

当一个 Applet 运行时,首先用 init( )方法实现初始化。初始化的功能是为 Applet 运行建立初始化环境,具体内容包括创建 Applet 的对象、分配内存、设置初始化状态、装载所需要的图像信息、设置参数等。init( )方法只有在 Applet 刚开始运行时才用,所以在整个 Applet 生命周期中只执行一次 init( )方法。而编写 Applet 源程序时,尽量将只执行一次的操作放在 init( )方法中。

2. 启动——start( )

Applet 被初始化后,紧接着做的便是启动。此时,系统会自动调用 start( )方法。start( )方法是 Applet 源程序的主要部分,它的功能往往是启动有关的线程来实现 Applet 的主要功能,或者直接执行 Applet 的主要功能。在 Applet 执行过程中,初始化只有一次,但启动可以有多次。除了在进入执行过程时调用 start( )方法外,当浏览器离开 Applet 所在的 Web 页面转到其他页,然后又返回时,必须再调用 start( )方法启动 Applet。如果 Web 页面中有多个 Applet,那么就要调用所有 Applet 的 start( )方法,但不必再初始化。

3. 停止——stop( )

停止是和启动相对应的动作。当浏览器离开 Applet 所在的 Web 页转到其他页时,Applet 被停止。如果浏览器又回到此页,则 Applet 又被启动。所以,和 start( )方法类似,在 Applet 生命周期中,stop( )方法也可能被多次调用。

4. 删除——destroy( )

当浏览器结束浏览时,执行 destroy( )方法。删除方法的功能是释放 Applet 占用的资源。当浏览器离开 Web 页结束浏览时,在执行 destroy( )方法前先执行 stop( )方法。

5. 描绘——paint( )

描绘是指将 Applet 自身的效果显示在 Web 页面上。

7.4 项目实施

任务1 使用 Date 类获取系统当前时间

编写程序时,经常会遇到获取系统当前时间的问题,这时就应该直接使用 Java 类库中的 Date 类来实现。

● **任务需求**

使用三种格式输出系统当前时间。

● **任务实现**

```java
import java.text.SimpleDateFormat;
import java.util.Date;
public class Test {
    public static void main(String[] args) {
        Date nowTime = new Date();
        System.out.println("现在的时间:" + nowTime);
        SimpleDateFormat sdf1 = new  SimpleDateFormat("'Beijing-Time':yyyy-MM-dd");
        System.out.println("现在的时间:" + sdf1.format(nowTime));
        SimpleDateFormat sdf2 = new SimpleDateFormat("北京时间yyyy-MM-dd HH:mm:ss(a)(EE)");
        System.out.println("现在的时间:" + sdf2.format(nowTime));
    }
}
```

● **任务解析**

本任务的运行结果如图 7-5 所示。

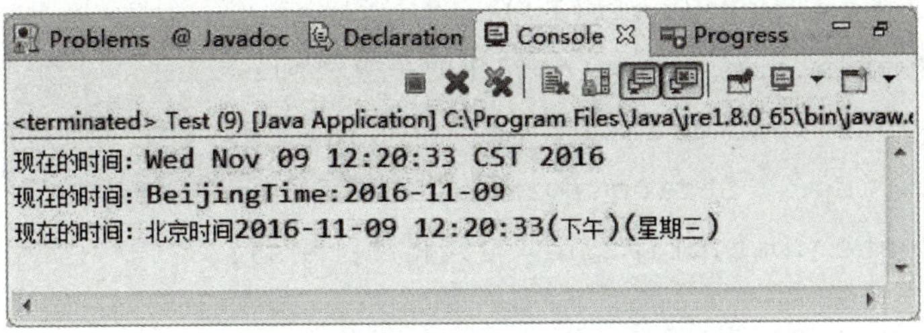

图 7 – 5　使用 Date 类显示系统时间

Date 对象表示时间的默认顺序是：星期、月、日、小时、分、秒、年，如图 7 – 5 中的第一行结果所示。但很多时候希望按照某种习惯来输出时间，如中国人比较习惯的年、月、日等，这时可以使用 DateFormat 的子类 SimpleDateFormat 来实现时间的格式化。

本任务代码中的 yyyy – MM – dd 是时间元字符，以下是常用的时间元字符：

- y,yy:2 位数字年份，如 16。
- yyyy:4 位数字年份，如 2016。
- M,MM:2 位数字月份，如 09。
- MMM:汉字月份，如十一月。
- d,dd:2 位数字日期，如 09、22。
- a:上午或下午。
- H,HH:2 位数字小时(00～23)。
- h,hh:2 位数字小时(am/pm,01～12)。
- m,mm:2 位数字分。
- s,ss:2 位数字秒。
- E,EE:星期。

任务 2　输出 10 的平方根并产生 1～100 之间的随机数

在编写程序时，可能需要计算一个数的平方根、绝对值、获取一个随机数等。Math 类可以轻松解决这些常用的科学计算问题。

任务 2.1　用一定的格式输出 10 的平方根

● 任务需求

计算 10 的平方根，并要求小数部分保留 3 位。

● 任务实现

```
import java.text.NumberFormat;
public class MathTest {
    public static void main(String[] args) {
```

```
        double res = Math.sqrt(10);
            System.out.println("10 的平方根");
            System.out.println("格式化前:" + res);
            String s = String.format("% .3f",res);
            System.out.println("格式化后:" + s);
        }
}
```

● 任务解析

计算一个数 num 的平方根,使用 Math. sqrt(num) 即可,结果是 3. 1622776601683795(由于是无限不循环数,小数点后的位数由 double 数据类型的位数决定)。

本任务要求结果中小数部分保留 3 位,使用 String. format( )方法。

本任务运行结果如图 7 – 6 所示。

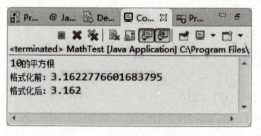

图 7 – 6 计算 10 的平方根(1)

若将本任务中的语句:

```
String s = String.format("% .3f",res);
```

修改为:

```
String s = String.format("% 07.3f",res);
```

运行结果在保留 3 位小数的同时,要求长度为 7,不够的在整数前面添"0"。运行结果如图 7 – 7 所示。

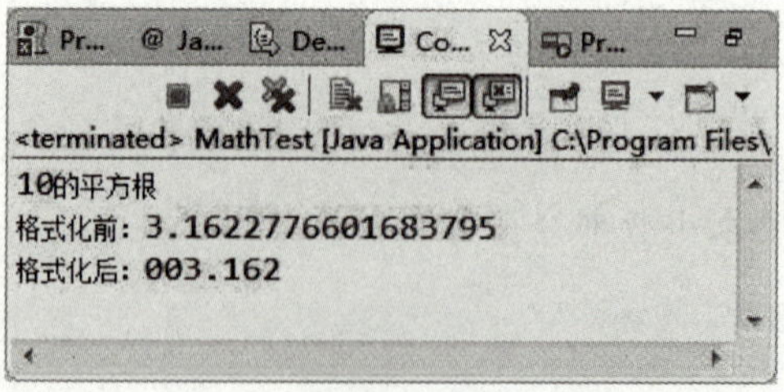

图 7 – 7 计算 10 的平方根(2)

任务 2.2 通过一个 30 次的循环,每次产生一个 1~100 之间的随机数

● **任务需求**

产生 30 个 1~100 之间的随机数,并显示 3 行,每行输出 10 个随机数。

● **任务实现**

```java
public class RandomTest {
    public static void main(String[] args) {
        int number = 100;
        System.out.println("得到的随机数:");
        for(int i = 1; i <= 30; i++){
            int randomNumber = (int)(Math.random() * number) + 1;
            System.out.print(randomNumber + "\t");
            if(i % 10 == 0){
                System.out.println("");
            }
        }
    }
}
```

● **任务解析**

Math.random() 是令系统随机选取大于等于 0.0 且小于 1.0 的随机 double 值,是 Java 等语言常用代码。本任务中要求产生 1~100 之间的整数,故使用

```java
(int)(Math.random() * 100) + 1
```

来实现。同时,每输出 10 个数字后要求换行,则通过

```java
if(i % 10 == 0){
    System.out.println("");
}
```

来实现。

本任务的运行结果如图 7-8 所示。

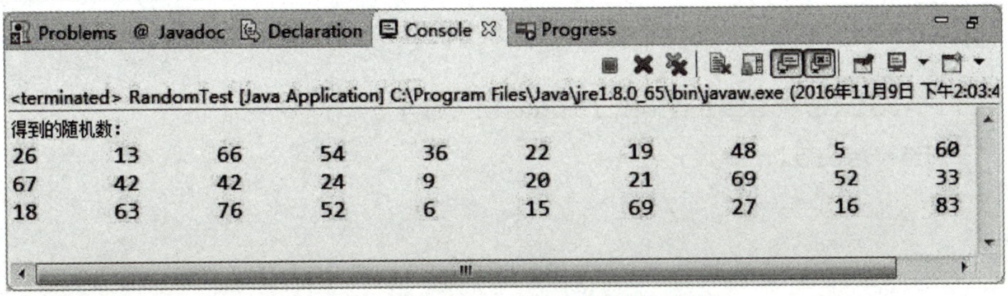

图 7-8 产生 1~100 之间的随机数

任务3 使用List接口的常用类存储宠物信息

如果写程序时并不知道程序运行时需要多少对象,或者需要使用更复杂的方式来存储对象,可以使用Java集合来解决。List接口的常用类有ArrayList和LinkedList,它们都可以容纳所有类型的对象,包括null,允许重复,并且都能保证元素的存储顺序。

任务3.1 使用ArrayList存储和输出狗狗信息

● 任务需求

使用ArrayList集合存储多条狗狗(项目5中使用过的宠物系统)的信息,获取存储狗狗的总数,按照存储顺序获取各狗狗的信息并逐条打印出相关内容。

● 任务实现

首先要创建存储对象Dog类,这里使用项目5中定义好的Dog类:

```java
public class Dog{
    private String name;
    private String strain;
    public Dog(){
    }
    public Dog(String name,String strain){
        this.name=name;
        this.strain=strain;
    }
    public String getName(){
        return name;
    }
    public void setName(String name){
        this.name=name;
    }
    public String getStrain(){
        return strain;
    }
    public void setStrain(String strain){
        this.strain=strain;
    }
}
```

然后使用 List 集合的实现类 ArrayList 来存储多条狗狗信息：

```java
import java.util.*;
public class ArrayListTest {
    /**
     *集合:使用list
     *存储多条狗狗信息,获取狗狗总数,逐条打印出各条狗狗信息
     */
    public static void main(String[] args) {
        //创建4个狗狗对象
        Dog dog1 = new Dog("aa","哈巴狗");
        Dog dog2 = new Dog("bb","狼狗");
        Dog dog3 = new Dog("cc","吉娃娃");
        Dog dog4 = new Dog("dd","中华田园犬");

        //创建集合对象,把狗狗对象放入其中
        List dogs = new ArrayList();
        dogs.add(dog1);
        dogs.add(dog2);
        dogs.add(dog3);
        dogs.add(dog4);
        dogs.add(dog3);
        dogs.add(dog3);
        dogs.add(2,dog4);
        //移除狗狗对象
        dogs.remove(dog3);
        dogs.remove(2);
        //输出集合中狗狗对象的数量size()
            System.out.println("共有"+dogs.size()+"条狗狗");
        //遍历集合,显示各狗狗的信息
        for(int i = 0;i < dogs.size();i ++){
                Dog dog = (Dog)dogs.get(i);
                System.out.println(dog.getName() + "\t" + dog.getStrain());
            }
    }
}
```

● 任务解析

ArrayList 对数组进行了封装,实现了长度可变的数组,在内存中分配连续的空间。它的优点在于遍历元素和随机访问元素的效率比较高。

本任务的运行结果如图 7-9 所示。

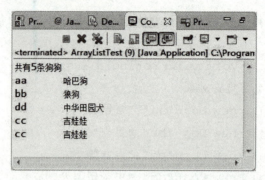

图 7-9 使用 ArrayList 存储和输出狗狗信息

List 接口常用方法见表 7-1。

表 7-1 List 接口中定义的各种常用方法

方法名	说　明
boolean add(Object o)	在列表的末尾顺序添加元素,起始索引位置从 0 开始
void add(int index, Object o)	在指定的索引位置添加元素。索引位置必须介于 0 和列表中元素个数之间
int size( )	返回列表中的元素个数
Object get(int index)	返回指定索引位置处的元素。取出的元素是 Object 类型,使用前需要进行强制类型转换
boolean contains(Object o)	判断列表中是否存在指定元素
boolean remove(Object o)	从列表中删除元素
Object remove(int index)	从列表中删除指定位置元素,起始索引位置从 0 开始

任务 3.2　使用 LinkedList 存储和输出狗狗信息

● 任务需求

使用 LinkedList 集合存储多条狗狗(项目 5 中使用过的宠物系统)的信息,并在集合的头部或首部添加、获取和删除狗狗信息。

任务实现

```java
import java.util.LinkedList;
/**
 *测试LinkedList的多个额外方法。
 */
public class LinkedListTest {
    public static void main(String[] args) {
        //1.创建多个狗狗对象
        Dog dog1 = new Dog("aa","哈巴狗");
        Dog dog2 = new Dog("bb","狼狗");
        Dog dog3 = new Dog("cc","吉娃娃");
        Dog dog4 = new Dog("dd","中华田园犬");
        //2.创建LinkedList集合对象,并把多个狗狗对象放入其中
        LinkedList dogs = new LinkedList();
        dogs.add(dog1);
        dogs.add(dog2);
        dogs.addLast(dog3);
        dogs.addFirst(dog4);
        //3.查看集合中第一条狗狗的昵称
        Dog dogFirst = (Dog)dogs.getFirst();
        System.out.println("第一条狗狗的昵称是" + dogFirst.getName() + "。");
        //4.查看集合中最后一条狗狗的昵称
        Dog dogLast = (Dog)dogs.getLast();
        System.out.println("最后一条狗狗的昵称是" + dogLast.getName() + "。");
        //5.删除集合中第一个狗狗和最后一个狗狗
        dogs.removeFirst();
        dogs.removeLast();
        //6.显示删除部分狗狗后集合中各条狗狗信息
        System.out.println("\n删除部分狗狗后还有" + dogs.size() + "条狗狗。");
        System.out.println("分别是:");
        for (int i = 0;i < dogs.size();i ++) {
            Dog dog = (Dog) dogs.get(i);
            System.out.println(dog.getName() + "\t" + dog.getStrain());
        }
    }
}
```

任务解析

由于 ArrayList 采用了和数组相同的存储方式,在内存中分配连续的空间,在添加和删除非尾部元素时,会导致后面的所有元素移动,性能低下。所以,插入、删除操作频繁时,可使用 LinkedList 来提高效率,LinkedList 还额外提供对头部和尾部元素进行添加和删除操作的方法。

本任务的运行结果如图 7-10 所示。

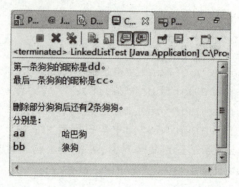

图 7-10　使用 LinkedList 存储和输出狗狗信息

LinkedList 采用链表存储方式,如图 7-11 所示,优点在于插入、删除元素时效率比较高。在使用 LinkedList 进行头部和尾部元素的添加与删除操作时,除了可以使用 List 的 add( )方法和 remove( )方法外,还可以使用 LinkedList 额外提供的方法来实现操作。

图 7-11　LinkedList 存储方式示意图

LinkedList 的一些特殊方法见表 7-2。

表 7-2　LinkedList 的一些特殊方法

方法名	说明
voidaddFirst(Object o)	在列表的首部添加元素
voidaddLast(Object o)	在列表的末尾添加元素
Object getFirst( )	返回列表中的第一个元素
Object getLast( )	返回列表中的最后一个元素
Object removeFirst( )	删除并返回列表中的第一个元素
Object removeLast( )	删除并返回列表中的最后一个元素

任务4　使用 Map 集合建立国家英文简称和中文全称之间的键值映射

Java 集合框架中提供了 Map 接口,专门来处理键值映射数据的存储。Map 中每个元素都由两个对象组成:一个键对象和一个值对象,可以根据键实现对应值的映射。

●任务需求

建立国家英文简称和中文全名之间的键和值映射。例如,CN 对应中华人民共和国,根据"CN"可以查找到"中华人民共和国",通过删除键实现对应值的删除。

●任务实现

```java
import java.util.HashMap;
import java.util.Map;
/**
 *测试 HashMap 的多个方法。
 */
public class MapTest {
    @SuppressWarnings("unchecked")
    public static void main(String[] args) {
        //1.使用 HashMap 存放多组国家英文简称和中文全称的键值对
        Map countries = new HashMap();
        countries.put("CN","中华人民共和国");
        countries.put("RU","俄罗斯联邦");
        countries.put("FR","法兰西共和国");
        countries.put("US","美利坚合众国");
        //2.显示"CN"对应国家的中文全称
        String country = (String) countries.get("CN");
        System.out.println("CN 对应的国家是:" + country);
        //3.显示集合中元素个数
        System.out.println("Map 中共有" +
                countries.size() + "组数据");
        //4.两次判断 Map 中是否存在"FR"键
        System.out.println("Map 中包含 FR 的 key 吗?" +
                countries.containsKey("FR"));
        countries.remove("FR");
        System.out.println("Map 中包含 FR 的 key 吗?" +
                countries.containsKey("FR"));
        //5.分别显示键集、值集和键值对集合
        System.out.println(countries.keySet());
        System.out.println(countries.values());
        System.out.println(countries);
    }
}
```

● 任务解析

Map 接口专门处理键(key)值(value)映射数据的存储,可以根据键实现对值的操作,Map 中的 key 不要求有序,不允许重复。value 同样不要求有序,但允许重复。最常用的实现类是 HashMap,它的存储方式是哈希表,优点是查询指定元素效率高。

本任务的运行结果如图 7-12 所示。

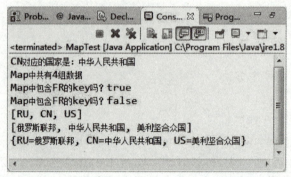

图 7-12　使用 HashMap 存储和处理国家信息

Map 的常用方法见表 7-3。

表 7-3　Map 的常用方法

方法名	说明
Object put(Object key, Object val)	以键值对的方式进行存储
Object get(Object key)	根据键返回相关联的值,如果不存在指定的键,返回 null
Object remove(Object key)	删除由指定的键映射的键值对
int size()	返回元素个数
Set keySet()	返回键的集合
Collection values()	返回值的集合
boolean containsKey(Object key)	如果存在由指定的键映射的键值对,返回 true

任务 5　使用 Applet 类创建小应用程序计算成绩

Applet 小程序是一种工作在 Internet 浏览器上的重要的 Java 程序。编写 Applet 小程序必须用到 java.Applet 包中的 Applet 系统类。

● 任务需求

创建 Applet 程序,用户按照要求输入学生的四门功课成绩,单击"评定成绩"按钮,能计算出其平均成绩并给出成绩等,结果如图 7-13 和图 7-14 所示。

Applet 小程序

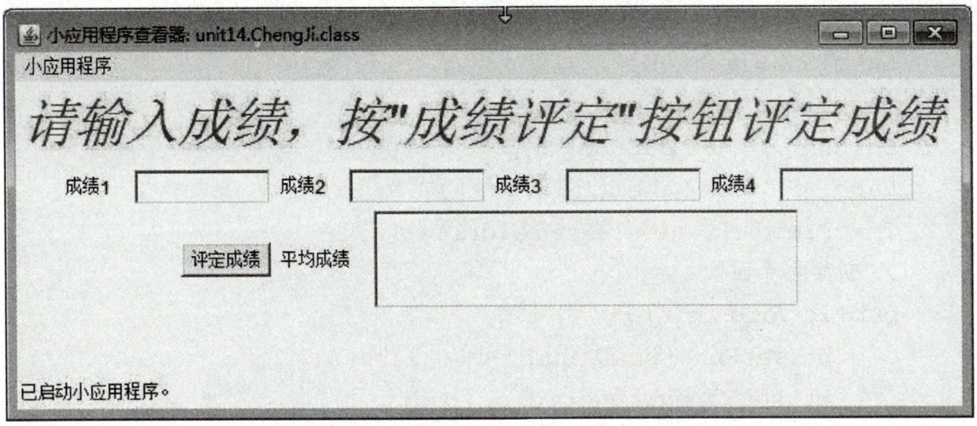

项目7 Java常用类

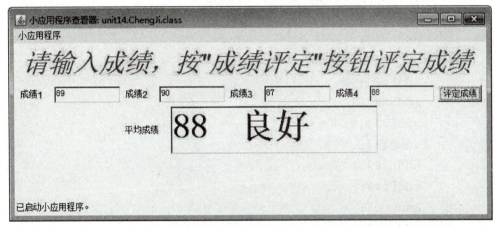

图7-13 Applet 小应用程序——输入成绩

图7-14 Applet 小应用程序——评定成绩

● **任务实现**

```java
import java.Applet.Applet;
import java.awt.*;
import java.awt.event.ActionEvent;
import java.awt.event.ActionListener;
public class ChengJi extends Applet implements ActionListener{
    //创建12个组件
    Label bt = new Label("请输入成绩,按\"成绩评定\"按钮评定成绩");
    Label c1 = new Label("成绩1");
    TextField t1 = new TextField(10);
    Label c2 = new Label("成绩2");
    TextField t2 = new TextField(10);
    Label c3 = new Label("成绩3");
```

```java
TextField t3 = new TextField(10);
Label c4 = new Label("成绩4");
TextField t4 = new TextField(10);
Button pd = new Button("评定成绩");
Label c5 = new Label("平均成绩");
TextField t5 = new TextField(10);
//初始化界面
public void init(){
    bt.setFont(new Font("宋体",2,36));
    bt.setForeground(Color.red);
    t5.setFont(new Font("黑体",1,48));
    t5.setForeground(Color.blue);
    add(bt);
    add(c1);
    add(t1);
    add(c2);
    add(t2);
    add(c3);
    add(t3);
    add(c4);
    add(t4);
    add(pd);
    add(c5);
    add(t5);
    pd.addActionListener(this);
}
public void actionPerformed(ActionEvent e) {
    int x1 = Integer.parseInt(t1.getText());
    int x2 = Integer.parseInt(t2.getText());
    int x3 = Integer.parseInt(t3.getText());
    int x4 = Integer.parseInt(t4.getText());
    int x = (x1 + x2 + x3 + x4)/4;
    String s;
    switch(x/10){
    case 10:
    case 9:s = "优秀";break;
    case 8:s = "良好";break;
    case 7:s = "良好";break;
```

```
            case 6:s = "良好";break;
            default:s = "不及格";
        }
        t5.setText(x + "\t" + s);
    }
}
```

● 任务解析

当浏览器运行 Applet 程序时,会自动根据所发生的事件调用 Applet 的有关方法,要进行 Applet 编程,就必须掌握这些常用的方法。Applet 类的常用方法见表 7 – 4。

表 7 – 4 Applet 类的常用方法

方法名	说　　明
init( )	当浏览器下载了 Applet 程序的字节码后,立即自动创建一个 Applet 类的实例,并调用从 Applet 类继承来的 init( )方法。用户可以重载 init( )方法以做一些程序所需的初始化工作
start( )	浏览器调用了 init( )方法之后,接着调用 start( )方法。以后每当 Applet 程序被重新启动时,也会自动调用 start( )方法。重新启动 Applet 程序包括用户使用了浏览器的"刷新"命令和用户的浏览器转到别的页面后又重新回到该页面的时候。而 init( )方法只在初始化时被调用一次。 用户可以重载 start( )方法,实现所需的功能
paint( )	paint( )方法也是由浏览器自动调用的方法,其作用是在 Applet 界面中绘制文字、图形及显示其他的页面元素。 引起浏览器自动调用 paint( )方法的事件有以下几种: 1. Applet 程序启动以后。 2. Applet 所在的浏览器窗口改变时,包括窗口的放大、缩小、被覆盖后重新显示等。 3. 当 repaint( )方法被调用时。 paint( )方法有一个固定的参数,该参数是 Graphis 类的对象 g,对象 g 是在 Applet 程序启动时由浏览器自动生成的。因此,重载 paint( )方法的格式一般是: 　　　　　public void paint(Graphics g)
repaint( )	调用 paint 方法
stop( )	当用户离开 Applet 所在的窗口时,浏览器自动调用 stop( )方法并暂停执行 Applet 程序的主线程。用户可以通过重载 stop( )方法实现某些目的,例如,停止动画的播放等
destroy( )	当关闭含有 Applet 程序的浏览器窗口时,浏览器自动调用 destroy( )方法并销毁用户 Applet 对象

ActionListener 用于接收操作事件的侦听器接口。对处理操作事件的类可以实现此接口,而使用该类创建的对象可使用组件的 addActionListener 方法向该组件注册。在发生操作事件时,调用该对象的 actionPerformed 方法,如本任务中的成绩处理。

7.5 拓展练习

一、选择题

1. 下面( )对象可以使用键值的形式保存数据。
   A. ArrayList   B. LinkedList   C. HashMap   D. Conllection

2. 下面说法中,错误的是( )。
   A. Applet 和应用程序一样,入口方法是 main()
   B. Applet 和应用程序不一样,入口方法不是 main(),其运行要复杂点
   C. Applet 必须嵌入 Web 浏览器或者应用程序中运行
   D. Applet 可以为 Web 页面提供动画、声音等效果

3. 给定如下 Java 代码,编译运行的结果是( )。

```java
import java.util.*;
public class Test{
    public static void main(String[] args){
        Map map = new HashMap();
        String s = "key";
        map.put(s,"hello");
        map.put(s,"world");
        System.out.println(map.size());
    }
}
```

   A. 编译时发生错误   B. 运行时发生异常
   C. 正确运行,输出:1   D. 正确运行,输出:2

4. 当启动 Applet 程序时,首先调用的方法是( )。
   A. stop 方法   B. init 方法   C. start 方法   D. destroy 方法

5. 在 Java 中,所有类的根类是( )。
   A. java.lang.Object   B. java.lang.Clas
   C. java.Applet.Applet   D. java.awt.Frame

二、编程题

1. 创建一个 HashMap 对象,并在其中添加一些学员的姓名和他们的分数,键为学生姓名(使用 String 类型),值为学员分数(使用 Integer 类型)。从 HashMap 对象中获取这些学员的成绩并打印出来;修改其中一名学员的成绩,然后再次打印所有学员的成绩。

提示:使用 put()方法进行添加和修改操作,使用 values()方法打印学员成绩。

2. 编写 Applet 小程序,能显示用户输入的个人信息。运行结果如图 7-15 和图 7-16 所示。

图 7-15 用户输入前示意图

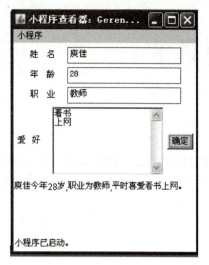

图 7-16 用户输入后显示完整的个人信息

7.6 项目小结

1. Java 的类库是 Java 语言的重要组成部分,Java 编程的水平在很大意义上取决于掌握 Java 类库的多少和熟练程度。

2. Date 类的 java.util 包中,使用 Date 类的无参构造方法创建的对象可以获取当前时间。

3. Math 类的 java.lang 包中,Math 中包含许多用来科学计算的类方法,这些方法可以直接通过类名调用。

4. 集合弥补了数组的缺陷,它比数组更灵活、更实用,可大大提高软件的开发效率,而且不同的集合类可适合不同的场合。

5. ArrayList 对数组进行了封装,实现了长度可变的数组在内存中分配连续的空间。它的优点在于遍历元素和随机访问元素的效率比较高。

6. 插入、删除操作频繁时,可使用 LinkedList 来提高效率。

7. Applet 小程序是一种特殊的 Java 程序,此类程序是靠兼容 Java 的 Internet 网络浏览器解释执行的,例如 Mocrosoft 的 IE 浏览器等。

项目 8
异　常

本项目讲解 Java 中的异常及异常处理机制。通过该机制使程序中的业务代码与异常处理代码分离，从而使代码更加优雅，使程序员更专心于业务代码的编写。

8.1　学习导航

☆ **工作任务**：

任务 1　使用 try – catch – finally 块处理求商问题的异常

　任务 1.1　使用 try – catch 块处理异常

　任务 1.2　使用 try – catch – finally 块处理异常

　任务 1.3　使用多重 catch 块处理异常

任务 2　使用 throws 声明异常

任务 3　使用 throw 抛出异常

任务 4　自定义异常

☆ **技能目标**：

(1) 能使用 try – catch – finally 处理异常。

(2) 能使用 throw、throws 抛出异常。

(3) 掌握异常及其分类。

8.2　项目情境

在生活中，异常(exception)情况随时都可能发生。例如，小王每天开车去上班，正常情况下耗时 30 分钟，但是由于车多、人多、路窄，异常情况很可能会发生。有时会遇到比较严重的堵车，甚至还会遇到与其他车辆碰擦的小交通事故，在这种情况下，小王往往很晚才能到达单位。虽然这是偶发事故，但是如果真的来临，也是件极其麻烦的事情。

那么，在程序开发过程中，有些错误也是程序员没有预料到的，或者是超出了程序员控制之外的环境因素。比如，用户的不合法数据、试图打开一个根本不存在的文件等，那么，Java 中是如何处理的呢？

8.3 预备知识

8.3.1 程序中的异常

若有一个需求:根据提示输入被除数和除数,计算并输出商,最后输出"感谢使用本程序!"的信息。示例的代码如下:

```java
import java.util.Scanner;
/**
 * 演示程序中的异常。
 */
public class Test1 {
    public static void main(String[] args) {
        Scanner in = new Scanner(System.in);
        System.out.print("请输入被除数:");
        int num1 = in.nextInt();
        System.out.print("请输入除数:");
        int num2 = in.nextInt();
        System.out.println(num1 + "/" + num2 + "=" + num1 / num2);
        System.out.println("感谢使用本程序!");
    }
}
```

正常情况下,用户会按照系统的提示输入整数,除数不为 0,运行结果如图 8-1 所示。

图 8-1 正常情况下的运行结果

但是,如果用户没有按要求进行输入,例如被除数输入了字符"a",则程序运行时会发生异常,运行结果如图 8-2 所示。

或者除数输入了"0",则程序运行时也将发生异常,运行结果如图 8-3 所示。

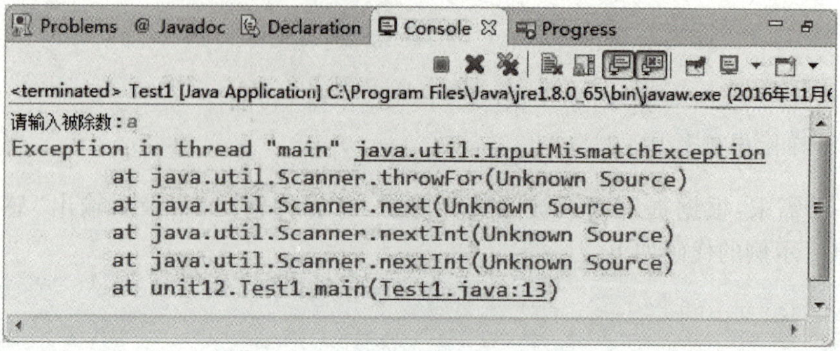

图8-2 被除数非整数情况下的运行结果

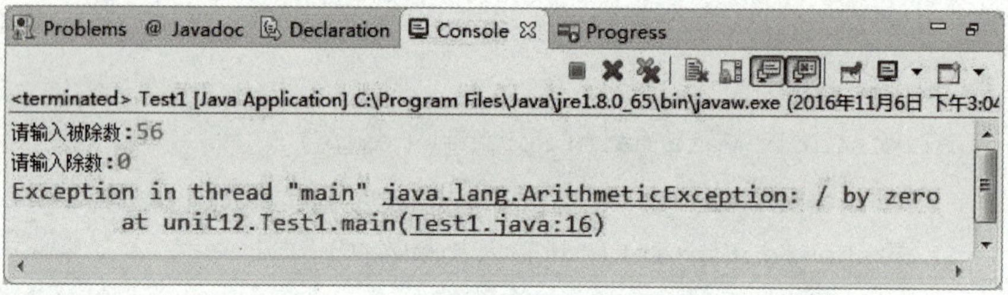

图8-3 除数为0情况下的运行结果

从结果可以看出，一旦出现异常，程序将立刻结束，不仅计算和输出商的语句不被执行，而且输出"感谢使用本程序！"的语句也不执行，程序发生了终止。

异常就是在程序运行过程中所发生的不正常的事件，比如文件找不到、网络连接不通或中断、算术运算出错（如被零除）、数组下标越界、装载了一个不存在的类、对null对象操作、类型转换异常等。异常会中断正在运行的程序。

应该如何解决这些异常呢？当然，可以通过增加if-else语句来对各种异常情况进行判断处理。代码如下：

```java
import java.util.Scanner;
/**
 *尝试通过if-else来解决异常问题。
 */
public class Test2 {
    public static void main(String[] args) {
        Scanner in = new Scanner(System.in);
        System.out.print("请输入被除数:");
        int num1 = 0;
        if (in.hasNextInt()) {  //如果输入的被除数是整数
            num1 = in.nextInt();
```

```java
        } else { //如果输入的被除数不是整数
            System.err.println("输入的被除数不是整数,程序退出。");
            System.exit(1);//结束程序执行
        }
        System.out.print("请输入除数:");
        int num2 = 0;
        if(in.hasNextInt()) { //如果输入的除数是整数
            num2 = in.nextInt();
            if(0 == num2) { //如果输入的除数是0
                System.err.println("输入的除数是0,程序退出。");
                System.exit(1);
            }
        } else { //如果输入的除数不是整数
            System.err.println("输入的除数不是整数,程序退出。");
            System.exit(1);
        }
        System.out.println(num1 + "/" + num2 + " = " + num1/num2);
        System.out.println("感谢使用本程序!");
    }
}
```

通过 if – else 语句进行异常处理的机制会显得代码臃肿,并且异常处理代码和业务代码交织在一起,影响了代码的可读性,同时,也很难穷举所有的异常情况,程序仍然不健壮。

8.3.2 Java 的异常处理

异常处理机制就像对平时可能遇到的意外情况预先想好了一些处理的办法。如项目情境中提到的小王,他可以早点出门以应对拥堵,当遇到交通事故时,可以找交警处理,以保证自己能准时上班。同样,在程序执行代码的时候,万一发生异常,程序会按照预定的处理方法对异常进行处理,异常处理完毕之后,程序能继续运行。

在 Java 应用程序中,异常处理机制为抛出异常和捕捉异常。

抛出异常:当一个方法出现错误而引发异常时,方法创建异常对象并交付运行时的系统。异常对象中包含了异常类型和异常出现时的程序状态等信息。运行时系统负责寻找处置异常的代码并执行。

捕获异常:在方法抛出异常之后,运行时系统将转为寻找合适的异常处理器(exception handler)。潜在的异常处理器是异常发生时依次存留在调用栈中的方法的集合。当异常处理器所能处理的异常类型与方法抛出的异常类型相符时,即为合适的异常处理器。运行时系统从发生异常的方法开始,依次回查调用栈中的方法,直至找到含有合适异常处理器的方法并执行。运行时,当系统遍历调用栈而未找到合适的异常处理器时,则系统终止,同时,Java 程序终止。

Java 的异常处理是通过五个关键字来实现的:try、catch、finally、throw 和 throws。

①try:里面放置可能引发异常的代码。

②catch:后面对应异常类型和一个代码块,用于表明该 catch 块用于处理这种类型的代码块。可以有多个 catch 块。

③finally:无论是否产生异常,finally 所指定的代码都要被执行。其主要用于回收在 try 块里打开的资源(如数据库连接、网络连接和磁盘文件)。

④throw:总是出现在方法体中,用来抛出一个异常。

⑤throws:总是出现在方法声明中,用于声明该方法可能抛出的异常。

8.3.3 异常的分类

Java 的异常体系包括许多异常类,它们之间存在继承关系。Java 的异常体系结构如图 8 - 4 所示。

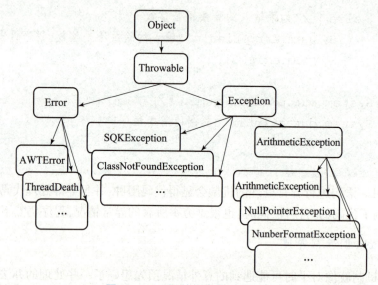

图 8 - 4　Java 的异常体系结构图

Throwable 类:所有异常类型都是 Throwable 类的子类,它派生出两个子类:Error 和 Exception。

Error 类:表示仅靠程序本身无法恢复的严重错误,如内存溢出、动态链接失败等。如果出现了这种错误,除了尽力使程序安全退出外,在其他方面是无能为力的,使用者进行程序设计时,应该更加关注 Exception 类。

Exception 类:由 Java 应用程序抛出和处理的非严重错误。比如所需文件找不到、网络连接不通或中断、算数运算出错等。它的各种不同的子类分别对应不同类型的异常。

运行时异常:包括 RuntimeException 及其所有子类。不要求程序必须对它们做出处理。

Checked 异常(非运行时异常):除了运行时异常外的其他由 Exception 继承来的异常类。程序必须捕获或者声明抛出这种异常,否则会出现编译错误,无法通过编译。

Java 中常见的异常类型见表 8 - 1。

表 8-1 常见的异常类型

异常类型	说　明
Exception	异常层次结构的根类
ArithmeticException	算术错误情形,如以零作除数
ArrayIndexOutOfBoundsException	数组下标越界
NullPointerException	尝试访问 null 对象成员
ClassNotFoundException	不能加载所需的类
InputMismatchException	欲得到数据类型与实际输入类型不匹配
IllegalArgumentException	方法接收到非法参数
ClassCastException	对象强制类型转换出错
NumberFormatException	数字格式转换异常,例如把"abc"转换成数字
Exception	异常层次结构的根类

8.4　项目实施

任务 1　使用 try – catch – finally 块处理求商问题的异常

程序出现异常后,要对其进行处理才能保证程序正常运行。Java 通过 try – catch – finally 块对异常进行捕获和处理,具体的方式是将可能抛出异常的语句写在 try 语句中,一旦抛出异常,就可以用 catch 语句捕获并处理了,最后执行 finally 语句。

针对预备知识(程序中的异常)中的示例程序,对可能出现的异常进行以下处理。

任务 1.1　使用 try – catch 块处理异常

● 任务需求

现有程序:根据提示输入被除数和除数,计算并输出商,最后输出"感谢使用本程序!"的信息,将使用 try – catch 块进行异常处理,增加程序的健壮性。

● 任务实现

```
import java.util.Scanner;
/**
*使用 try – catch 块进行异常处理。
*/
```

```java
public class TestTryCatch{
    public static void main(String[] args){
        try {
            Scanner in = new Scanner(System.in);
            System.out.print("请输入被除数:");
            int num1 = in.nextInt();
            System.out.print("请输入除数:");
            int num2 = in.nextInt();
            System.out.println(num1 + "/" + num2 + " = " + num1/num2);
            System.out.println("感谢使用本程序!");
        } catch (Exception e) {
            System.err.println("出现错误:被除数和除数必须是整数,"
            +"除数不能为零。");
            e.printStackTrace();
        }
    }
}
```

● 任务解析

try-catch 程序块的执行流程比较简单,首先执行的是 try 语句块中的语句,这时可能有以下三种情况。

①如果 try 块中的所有语句正常执行完毕,不会发生异常,那么 catch 块中的所有语句都将会被忽略。当在控制台输入两个合理的整数时,本任务中的 try 语句块将正常执行,不会执行 catch 语句块中的代码,运行结果与图 8-1 所示正常情况下的运行结果一样。

②如果 try 语句块在执行过程中遇到异常,并且这个异常与 catch 中声明的异常类型相匹配,那么在 try 块中剩下的代码都将被忽略,而相应的 catch 块将会被执行。匹配是指 catch 所处理的异常类型与所生成的异常类型完全一致或者是它的父类。当在控制台提示输入被除数时输入了字符"a",本任务中 try 语句块代码:int num1 = in. nextInt();将抛出 InputMismatchException 异常。由于 InputMismatchException 是 Exception 的子类,程序将忽略 try 块中剩下的代码而去执行 catch 语句块,运行结果如图 8-5 所示。

如果输入除数为 0,运行结果如图 8-6 所示。

③如果 try 语句块在执行过程中遇到异常,而抛出的异常在 catch 块里没有被声明,那么程序立刻退出。

在 catch 块中可以加入用户自定义的处理信息,也可以通过调用异常对象的方法输出异常信息,常用的方法有以下两种:

void printStackTrace():输入异常的堆栈信息,如本任务的处理。

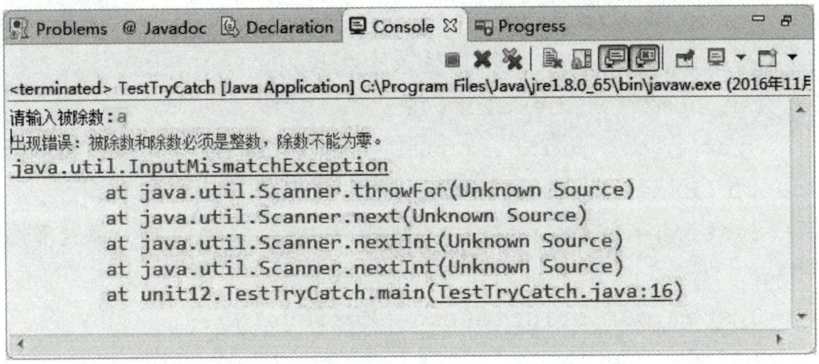

图8-5 抛出异常情况下的输出结果(1)

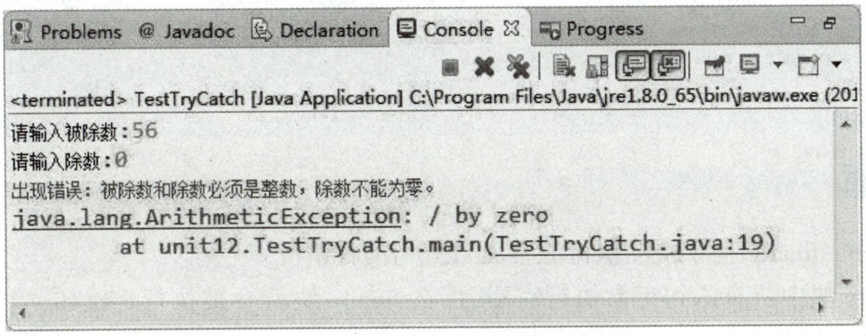

图8-6 抛出异常情况下的输出结果(2)

String getMessage()：返回异常信息描述字符串，该字符串描述异常产生的原因，是 printStackTrace()输出信息的一部分。

任务1.2 使用 try – catch – finally 块处理异常

● 任务需求

根据提示输入被除数和除数，计算并输出商，最后输出"感谢使用本程序！"信息，将使用 try – catch – finally 块进行异常处理，增加程序的健壮性。

● 任务实现

```java
import java.util.Scanner;
/**
 *使用 try – catch – finally 进行异常处理。
 */
public class TestTryCatchFinally {
    public static void main(String[] args) {
        try {
            Scanner in = new Scanner(System.in);
            System.out.print("请输入被除数:");
```

```
            int num1 = in.nextInt();
            System.out.print("请输入除数:");
            int num2 = in.nextInt();
            System.out.println(num1 + "/" + num2 + " = " + num1/num2);
        } catch (Exception e) {
            System.err.println("出现错误:被除数和除数必须是整数," + "除数不能为零。");
            System.out.println(e.getMessage());
        } finally {
            System.out.println("感谢使用本程序!");
        }
    }
}
```

● 任务解析

try – catch – finally 程序块的执行流程大致分为两种情况:

①如果 try 块中所有语句正常执行完毕,那么 finally 块就会被执行。比如,当在控制台输入两个数字时,本任务中的 try 语句块中的代码将正常执行,而不会执行 catch 语句块中的代码,但是 finally 块中的代码将被执行。运行结果与图 8 – 1 所示正常情况下的运行结果一样。

②如果 try 语句块在执行过程中遇到异常,无论这种异常能否被 catch 块捕获到,都将执行 finally 块中的代码。比如,当在控制台输入除数为 0 时,本任务代码中的 try 语句将抛出异常,进入 catch 语句块,最后 finally 块中的代码也将被执行。运行结果如图 8 – 7 所示。

图 8 – 7 异常情况下的运行结果

注意:第一,try – catch – finally 结构中,try 块是必需的,catch 和 finally 块为可选,但两者至少出现一个。第二,即使在 try 块和 catch 块中存在 return 语句,finally 块中的语句也会被执行。发生异常时的执行顺序是:执行 try 块或 catch 块中 return 之前的语句,执行 finanlly 中的语句,执行 try 块或 catch 块中的 return 语句退出。finally 块中语句不执行的唯一情况是:异常处理代码中执行 System.exit(1),将退出 Java 虚拟机。

任务1.3 使用多重catch块处理异常

● 任务需求

根据提示输入被除数和除数,计算并输出商,最后输出"感谢使用本程序!"信息,将使用多重catch块进行异常处理,增加程序的健壮性。

异常处理

● 任务实现

```java
import java.util.InputMismatchException;
import java.util.Scanner;
public class TestTryCatchFinally2 {
    public static void main(String[] args) {
        int num1,num2;
        Scanner input = new Scanner(System.in);
        try{
            System.out.print("请输入被除数:");
            num1 = input.nextInt();
            System.out.print("请输入除数:");
            num2 = input.nextInt();
            System.out.println(num1 + "/" + num2 + " = " + (num1/num2));
        }catch(InputMismatchException e){
            System.err.println("出现输入异常!");
            e.printStackTrace();
        }catch(ArithmeticException e){
            System.err.println("出现算术异常!");
            e.printStackTrace();
        }catch(Exception e){
            System.err.println("出现其他异常!");
            e.printStackTrace();
        }
        finally{
            System.out.println("感谢使用本程序!");
        }
    }
}
```

● 任务解析

程序运行后,如果输入的不是整数,系统会抛出InputMismatchException异常对象,因此进入第一个catch语句块,并执行其中的代码,而其他的catch块将被忽略。运行结果如图8-8所示。

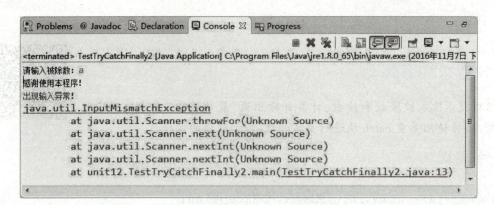

图 8-8　进入第一个 catch 语句块

如果系统提示输入被除数时,输入合理,系统会接着提示输入除数;输入 0,系统会抛出 ArithmeticException 异常对象,进入第二个 catch 语句块,并执行其中的代码,其他 catch 块将被忽略。运行结果如图 8-9 所示。

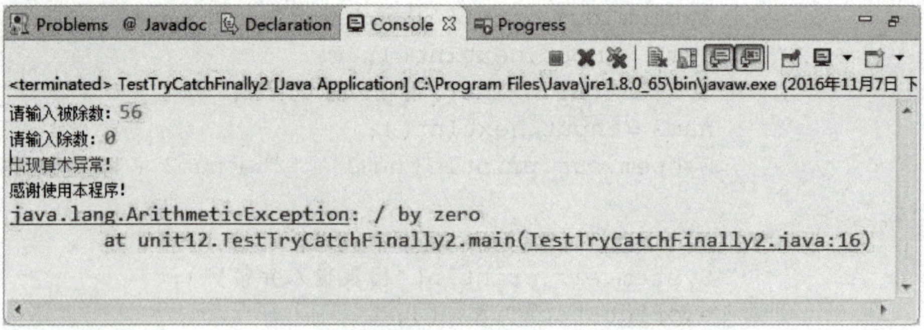

图 8-9　进入第二个 catch 语句块

注意:在使用多重 catch 块时,catch 块的排列顺序必须是从子类到父类,最后一个一般是 Exception 类。

任务 2　使用 throws 声明异常

如果在一个方法体中抛出了异常,就希望调用者能够及时捕获异常,那么如何通知调用者呢? Java 语言中通过关键字 throws 声明某个方法可以抛出的各种异常。throws 可以同时声明多个异常,之间用逗号隔开。

● 任务需求

对任务 1 进行修改,要求把计算并输出商的任务封装在 divide( ) 方法中,并在方法的参数列表后通过 throws 声明异常,然后在 main( ) 方法中调用该方法。

任务实现

```java
import java.util.Scanner;
/**
 * 使用 throws 抛出异常。
 */
public class TestThrows {
    /**
     * 通过 try-catch 捕获并处理异常。
     */
    public static void main(String[] args) {
        try {
            divide();
        } catch (Exception e) {
            System.err.println("出现错误:被除数和除数必须是整数,除数不能为零");
            e.printStackTrace();
        }
    }
    /**
     * 输入被除数和除数,计算商并输出。
     */
    public static void divide() throws Exception {
        Scanner in = new Scanner(System.in);
        System.out.print("请输入被除数:");
        int num1 = in.nextInt();
        System.out.print("请输入除数:");
        int num2 = in.nextInt();
        System.out.println(num1 + "/" + num2 + " = " + num1 / num2);
        System.out.println("感谢使用本程序!");
    }
}
```

任务解析

本任务中,由于 divide() 的方法首部有 throws Exception,在调用 main() 方法时,就知道 divide() 方法中抛出了异常,可以采用两种方式进行处理:

①通过 try-catch 捕获并处理异常。
②通过 throws 继续声明异常。

如果调用者不知道如何处理该异常,可以通过 throws 声明异常,让上一级调用者处理异常。main( )方法声明的异常将由 Java 虚拟机来处理。

任务 3 使用 throw 抛出异常

除了系统自动抛出异常外,在编程过程中,往往遇到这样的情形:有些问题是系统无法自动发现并解决的。比如年龄不在正常范围内、性别输入不是"男"或"女"等,此时需要程序员而不是系统来自行抛出异常,把问题提交给调用者去解决。

● 任务需求

定义一个 Person 类,包含私有属性,分别表示姓名、年龄和性别,其中性别只能取"男"或者"女",同时包含 setSex(String sex)和 print( )方法。其中 setSex(String sex)方法通过 throw 抛出异常对性别限制进行处理,最后测试。

● 任务实现

第一步:Person 类

```java
public class Person {
    private String name = "";//姓名
    private int age = 0;//年龄
    private String sex = "男";//性别
    /**
     * 设置性别。抛出异常
     */
    public void setSex(String sex) throws Exception {
        if ("男".equals(sex) || "女".equals(sex))
            this.sex = sex;
        else {
            throw new Exception("性别必须是"男"或者"女"!");
        }
    }
    /**
     * 打印基本信息。
     */
    public void print() {
        System.out.println(this.name + "(" + this.sex + "," + this.age + "岁)");
    }
}
```

第二步:测试类

```
public class TestThrow {
    public static void main(String[] args) {
        Person person = new Person();
        try {
            person.setSex("Male");
            person.print();
        } catch (Exception e) {
            e.printStackTrace();
        }
    }
}
```

● 任务解析

在 Java 语言中,可使用 throw 关键字来自行抛出异常。在上述任务代码中,通过语句

　　throw new Exception("性别必须是"男"或者"女"!");

抛出了一个异常。抛出异常的原因在于,在当前环境下无法解决参数问题,因此在方法内容中通过 throw 抛出异常,把问题交给调用者去解决,而在测试类 TestThrow 中捕获并处理异常。运行结果如图 8 – 10 所示。

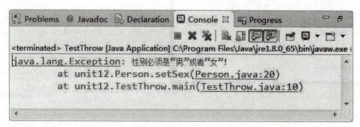

图 8 – 10　测试 throw 抛出异常

在任务 2 和任务 3 中,分别使用了关键字 throws 和 throw,它们之间的区别表现在以下三个方面:

①作用不同:throw 用于程序员自行产生并抛出异常;throws 用于声明该方法内抛出了异常。

②使用的位置不同:throw 位于方法体内部,可以作为单独语句使用;throws 必须跟在方法参数列表的后面,不能单独使用。

③内容不同:throw 抛出一个异常对象,而且只能是一个;throws 后面跟异常类,而且可以跟多个异常类。

任务4 自定义异常

系统定义的异常主要用来处理系统可能出现的较常见的运行错误。如果预计在某类操作中可能产生一个问题,该问题不适合按照任何标准的异常情况来处理,此时就需要程序员根据程序的特殊逻辑,在程序中定义一个异常类,这个类可以从 Exception 类或者它的子类中派生出来。这种用户自定义的异常类和异常对象主要用来处理用户程序中特定逻辑上的运行错误。

●任务需求

定义一个异常类,并在测试类中抛出、捕获且处理该异常类。

●任务实现

第一步:定义 DefineException 类,该类继承 Exception 类(图8-11)

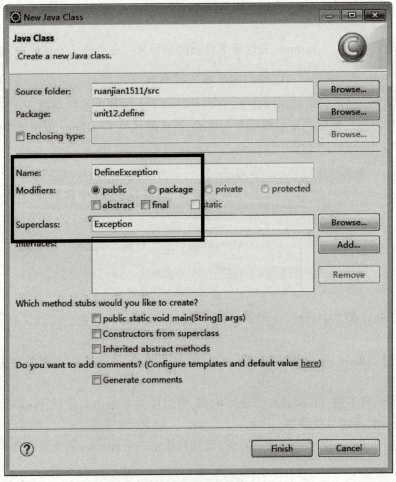

图8-11 定义异常类,该类继承 Exception 类

项目8 异常

```
public class DefineException extends Exception {
    private String name;

    public DefineException(String name) {
        this.name = name;
        System.out.println("定义了一个异常:" + this.name);
    }

    public String getName() {
        return name;
    }

    public void setName(String name) {
        this.name = name;
    }
}
```

第二步:测试自定义的异常类

```
public class ExceptionTest {
    public static void main(String[] args) {
        try {
            System.out.println("抛出异常");
            throw new DefineException("自定义异常");
        }
        catch(DefineException e) {
            System.out.println("处理自定义异常");
            e.printStackTrace();
        }
        finally {
            System.out.println("后续语句");
        }
    }
}
```

● 任务解析

用户可以利用 Java 提供的异常处理机制对程序中的错误进行处理。这不但可以提高程序的健壮性,还可以将程序逻辑与错误处理逻辑分开,使程序结构更加清晰。

用户定义异常时,一般要完成以下工作:

①声明一个新的异常类,继承并扩展 Exception 类、某个系统异常类或用户自定义的异常

类。本任务中扩展了 Exception 类。

② 为新的异常类定义属性和方法,或重载父类的属性和方法,使这些属性和方法能够体现该类所定义的错误信息。

本任务的运行结果如图 8-12 所示。

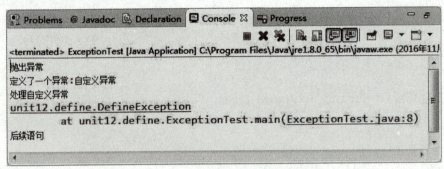

图 8-12 自定义异常的运行结果

8.5 拓展练习

一、选择题

1. 下面选项中能单独和 finally 语句一起使用的是(　　)。

A. try　　　　　　B. catch　　　　　　C. throw　　　　　　D. throws

2. 下面程序的执行结果是(　　)。

```java
public class Test {
    public static void main(String [] args) {
        new Test() .test();
    }
    public void test() {
        try {
            System.out.print("try");
        } catch (ArrayIndexOutOfBoundsException e) {
            System.out.print("catch1");
        } catch (Exception e) {
            System.out.print("catch2");
        } finally {
            System.out.println("finally");
        }
    }
}
```

A. try finally　　　B. try catch1 finally　　　C. try catch2 finally　　　D. finally

3. 以下代码段中,正确的是(　　)(请选择两项)。

A. try｛

　　System. out. print("try")；

｝catch（Exception e）｛

　　System. out. print("catch")；

｝

B. try｛

　　System. out. print("try")；

｝

C. try｛

　　System. out. print("try")；

｝finally(Exception e)｛

　　System. out. print("finally")；

｝

D. try｛

　　System. out. print("try")；

｝finally｛

　　System. out. print("finally")；

｝

4. 下面程序的执行结果是(　　)。

```
public class Test {
    public static void foo(){
        try {
            String s = null;
            s = s.toLowerCase();
        }catch(NullPointerException e){
            System.out.print("2");
        }finally{
            System.out.print("3");
        }
        System.out.print("4");
    }
    Public static void main(String args[]) {
        foo();
    }
}
```

A. 2　　　　　　　B. 34　　　　　　　C. 23　　　　　　　D. 234

5. 下列异常类中,在多重 catch 中同时使用时,(　　)应该最后列出。

A. ArithmeticException

B. NumberFormatException

C. Exception

D. ArrayIndexOutOfBoundsException

二、编程题

1. 编写一个通过编译但运行时会出现 ArrayIndexOutOfBoundsException 异常的程序,并将其捕获,在控制台上输出异常信息。

提示:定义一个长度为 5 的整型数组 a,循环输入其元素值。

分析可能产生的各种异常,使用 Java 的异常处理机制进行处理。

运行结果如图 8-13 和图 8-14 所示。

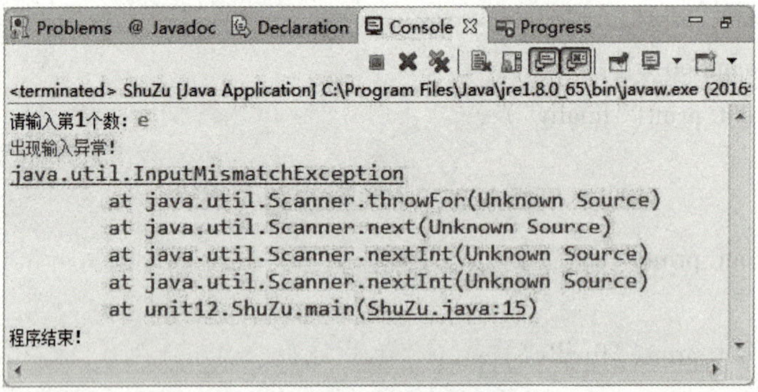

图 8-13 出现输入异常

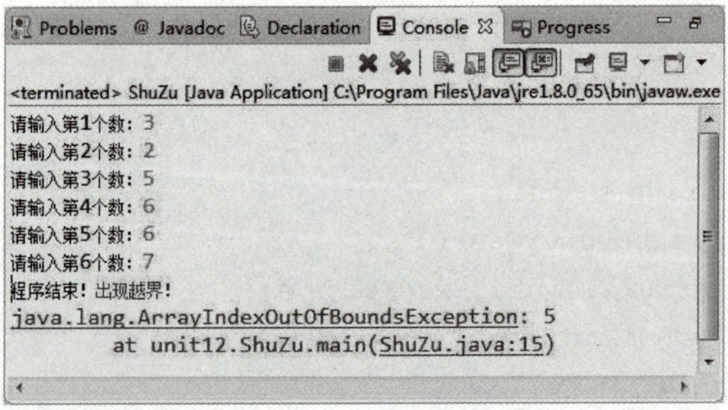

图 8-14 出现数组越界异常

2. 运行下面这段程序,给出执行结果,并说明原因。

```java
public class Test{
    public static void foo(int i){
        try{
            if(i ==1){
                throw new Exception();
            }
            System.out.print("1");
        }catch(Exception e){
```

```
            System.out.print("2");
        }finally{
            System.out.print("3");
        }
        System.out.print("4");
    }
    public static void main(String args[]){
        foo(1);
    }
}
```

8.6 项目小结

1. 异常是由 Java 应用程序抛出和处理的非严重错误,它可以分为 Checked 异常和运行时异常两大类。

2. Java 可能会抛出的异常情况包括:调用的方法抛出了异常、检测到了错误并使用 throw 语句抛出异常、程序代码有误而导致异常(比如数组越界错误、Java 运行时刻系统产生内部错误)。

3. Java 的异常处理是通过五个关键词来实现的:try、catch、finally、throw 和 throws。

4. 即使在 try 块、catch 块中存在 return 语句,finally 块中语句也会执行。finally 块中语句不执行的唯一情况是:在异常处理代码中执行 System.exit(1)。

5. 可以在一个 try 语句块后面跟多个 catch 语句块,分别处理不同的异常。但排列顺序必须是从特殊到一般,最后一个一般都是 Exception 类。

6. Java 语言中,通过关键字 throws 声明某个方法可以抛出的各种异常,可使用 throw 关键字来自行抛出异常。

7. Java 允许用户创建自己的异常类型。

项目 9

Java 数据库连接技术

本项目讲解 Java 访问数据库技术——JDBC。它由一组使用 Java 语言编写的类和接口组成，可以为多种关系型数据库(如 Oracle、SQL Server、MySQL 数据库等)提供访问。Java 访问数据库主要用的方法是 JDBC，它是 Java 语言中用来规范客户端程序如何访问数据库的应用程序接口，提供了诸如查询和更新数据库中数据的方法。

9.1 学习导航

☆ 工作任务：

    任务1　使用纯 Java 方式连接数据库
    任务2　使用 Statement 向数据库中增加宠物狗狗的信息
    任务3　使用 Statement 查询所有狗狗信息
    任务4　使用 PreparedStatement 更新狗狗信息

☆ 技能目标：

    (1)理解 JDBC 原理。
    (2)掌握 JDBC 连接数据库的步骤。
    (3)能通过纯 Java 方式连接数据库。
    (4)能通过 JDBC 对数据库的数据进行操作。

9.2 项目情境

在前面的项目中，通过控制台输入宠物信息，并创建宠物对象，然后在控制台输出宠物信息，但却无法保存数据，每次运行程序都要重新输入。在 Java 中如何实现把数据存入数据库，从而长久保存呢？

9.3 预备知识

9.3.1 JDBC 介绍

JDBC(Java Data Base Connectivity，Java 数据库连接)是一种用于执行 SQL 语句的 Java API，可以为多种关系数据库提供统一访问，它由一组用 Java 语言编写的类和接口组成。JDBC 提供了一种基准，据此可以构建更高级的工具和接口，使数据库开发人员能够编写数据库应程序。Oracle 公司提供了 JDBC 的接口规范——JDBC API,而数据库厂商或第三方中间件厂商根据该接口规范提供针对不同数据库的具体实现——JDBC 驱动。

JDBC 的工作原理如图 9-1 所示。

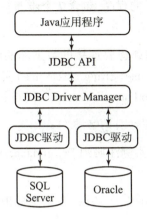

图 9-1　JDBC 的工作原理

从图 9-1 中可以看到 JDBC 的几个重要组成要素。最顶层是自己编写的 Java 应用程序,下面按照从上到下的顺序依次讲解 JDBC 的组成要素。

1. JDBC API

JDBC API 提供了 Java 应用程序与各种不同数据库交互的标准接口,如 Connection(连接)接口、Statement 接口、ResultSet(结果集)接口、PreparedStatement 接口等。使用这些 JDBC 接口进行各类数据库的操作。

2. JDBC Driver Manager

JDBC Driver Manager 负责管理各种不同 JDBC 驱动,位于 JDK 的 java.sql 包中。

3. JDBC 驱动

JDBC 驱动由各个数据库厂商或第三方中间件厂商提供,负责连接各种不同的数据库。如图 9-1 中,访问 Oracle、SQL Server 时需要不同 JDBC 驱动,这些 JDBC 驱动都实现类 JDBC API 中定义的各种接口。

在开发 Java 应用程序时,只需要正确加载 JDBC 驱动、正确调用 JDBC API,就可以进行数据库访问了。

9.3.2　JDBC API 介绍

JDBC API 的任务主要为:与数据库建立连接、发送 SQL 语句、发送处理结果。所使用到的主要接口和类如下:

java.sgl.DriverManager 类:根据数据库的不同,管理相应的 JDBC 驱动。

java.sgl.Connection 接口:负责连接数据库并担任传送数据的任务。

java.sgl.Statement 接口:由 Connection 产生、负责执行 SQL 语句。

java.sgl.ResultSet 接口:负责保存 Statement 执行后所产生的查询结果。

java.sgl.PreparedStatement 接口:Statement 的子接口,也由 Connection 产生,同样负责执行

SQL 语句。但与 Statement 接口相比,具有高安全性、高性能、高可读性和高可维护性的优点。

9.3.3 JDBC 访问数据库的步骤

创建一个以 JDBC 连接数据库的程序,包含 7 个步骤:

1. 加载 JDBC 驱动程序

在连接数据库之前,首先要加载想要连接的数据库的驱动到 JVM(Java 虚拟机),这通过 java.lang.Class 类的静态方法 forName(String className)实现。如果系统中不存在给定的类,则会引发异常,异常类型为 ClassNotFoundException。代码示例:

```
Class.forName("JDBC 驱动类的名称");
```

成功加载后,会将 Driver 类的实例注册到 DriverManager 类中。

2. 提供 JDBC 连接的 URL

URL 定义了连接数据库时的协议、子协议、数据源标识。书写形式:协议:子协议:数据源标识。

协议:在 JDBC 中总是以 jdbc 开始。

子协议:是桥连接的驱动程序或是数据库管理系统名称。

数据源标识:标记找到数据库来源的地址与连接端口。代码示例:

MySQL 连接的 URL:jdbc:mysql://localhost:3306/数据库名

SQL Sever 连接的 URL:jdbc:sqlserver://localhost:1433/数据库名

Oracle 连接的 URL:jdbc:oracle://localhost:1521/数据库名

3. 创建数据库的连接

要连接数据库,需要向 java.sql.DriverManager 请求并获得 Connection 对象,该对象就代表一个数据库的连接。代码示例:

```
Connect conn = DriverManager.getConnection(url,用户名,密码);
```

4. 创建一个 Statement

要执行 SQL 语句,必须获得 java.sql.Statement 实例,Statement 实例分为以下两种类型:

- 执行静态 SQL 语句。通常通过 Statement 实例实现。示例代码:

```
Statement stmt = conn.createStatement();
```

- 执行动态 SQL 语句。通常通过 PreparedStatement 实例实现。该类型的示例增加了执行动态 SQL 语句功能。可以在 SQL 语句中提供参数。示例代码:

```
PreparedStatement pstmt = conn.preparedStatement("select * from dog where strain = ?");
```

5. 执行 SQL 语句

Statement 接口提供了两种执行 SQL 语句的方法:executeQuery、executeUpdate。

- ResultSet executeQuery(String sqlString):执行查询数据库的 SQL 语句,返回一个结果集(ResultSet)对象。

- int executeUpdate(String sqlString):用于执行 INSERT、UPDATE 或 DELETE 语句。

6. 处理结果

执行 SQL 语句也可能出现如下两种情况：

- 使用结果集(ResultSet)对象的访问方法获取数据：

```
while(rs.next()){
        String name = rs.getString("name");
        String pass = rs.getString(1);/* 此方法比较高效,列是从左到右编号的,并且从列 1 开始*/
}
```

- 执行更新返回的是本次操作影响到的记录数。

7. 释放 JDBC 资源

操作完成以后,要把所有使用的 JDBC 对象全都关闭,以释放 JDBC 资源,关闭顺序和声明顺序相反:首先关闭记录集,然后关闭声明,最后关闭连接对象。示例代码：

```
finally{
    if(rs!=null)
        rs.close();
    if(stmt!=null)
        stmt.close();
    if(conn!=null)
        conn.close();
}
```

9.4 项目实施

任务 1　使用纯 Java 方式连接数据库

纯 Java 驱动方式由 JDBC 驱动直接访问数据库,驱动程序完全用 Java 语言编写,运行速度快,而且具备了跨平台特点。但是由于技术资料的限制,这类 JDBC 驱动一般只能由数据库厂商自己提供,即这类 JDBC 只对应一种数据库,甚至只对应某个版本的数据库,如果数据库更换了,就需要更换 JDBC 驱动。

● 任务需求

使用纯 Java 驱动方式进行数据库的连接。运行结果如图 9-2 所示。

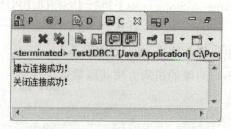

图 9-2　连接数据库成功

● 任 务 实 现

第一步:将数据库驱动 jar 包引入 Java 项目

如果使用纯 Java 驱动方式由 JDBC 驱动连接数据库,首先需要下载数据库厂商提供的驱动程序 jar 包,并将 jar 包引入 Java 工程中。步骤如下:

①打开 eclipse,右击要导入 jar 包的项目,单击"Properties"属性。

②左边选择"Java Build Path",右边选择"Libraries",如图 9-3 所示。

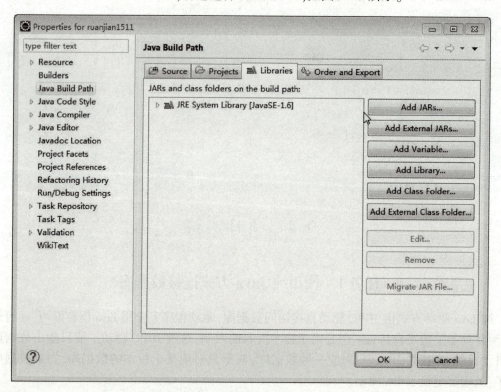

图 9-3　导入数据库驱动 jar 包(1)

③选择"Add External JARs"。

④选择相应路径下的 jar 包,如图 9-4 所示。

本任务使用的数据库是 MySQL,因此,可以从 MySQL 官方网站下载驱动 jar 包,并查看相关帮助文档,获得驱动类的名称及数据库连接字符串。

项目9　Java数据库连接技术

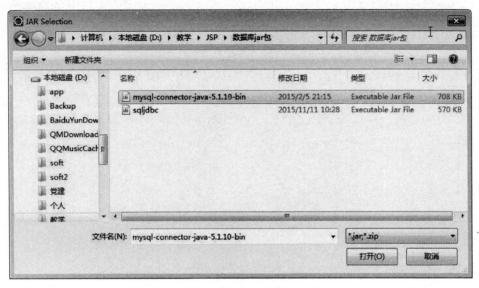

图 9 – 4　导入数据库驱动 jar 包(2)

第二步:编写连接数据库的 Java 程序

```java
import java.sql.Connection;
import java.sql.DriverManager;
import java.sql.SQLException;
/**
*使用 JDBC 的纯 Java 方式建立数据库连接并关闭。
*/
public class TestJDBC1 {
    public static void main(String[] args)  {
        Connection conn = null;
        try {
            Class.forName("com.mysql.jdbc.Driver");
            conn = DriverManager.getConnection(
                "jdbc:mysql://localhost:3306/pet",
                "root","123456");
            System.out.println("建立连接成功!");
        } catch(ClassNotFoundException e){
            e.printStackTrace();
        } catch (SQLException e) {
            e.printStackTrace();
        } finally {
```

```
            try{
                if(null != conn){
                    conn.close();
                    System.out.println("关闭连接成功!");
                }
            }catch(SQLException e){
                e.printStackTrace();
            }
        }
    }
}
```

● 任务解析

本任务连接的 MySQL 数据库中建立了名为 pet 的数据库,数据库用户名为"root",密码为"123456",驱动程序包为 mysql.jar。

纯 Java 驱动方式由 JDBC 驱动连接数据库时,常见的错误有以下几类:

①JDBC 驱动类的名称书写错误,出现 ClassNotFoundException 异常,如图 9 – 5 所示。

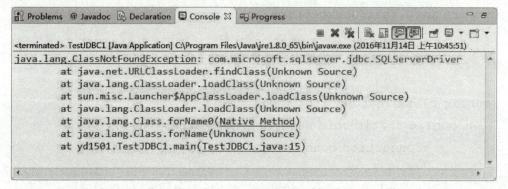

图 9 – 5　连接数据库错误

②数据连接字符串,数据库用户名、密码书写错误,出现 SQLException 异常。
③数据库操作结束后,没有关闭数据库连接,导致其仍旧占用系统资源。
④关闭数据库连接语句没有放到 finally 语句块中,导致语句没有被执行。

任务 2　使用 Statement 向数据库中增加宠物狗狗的信息

获取 Connection 对象后,就可以进行各种数据库的操作了。此时需要使用 Connection 对象创建 Statement 对象。Statement 对象用于将 SQL 语句发送到数据库中,或者理解为执行 SQL 语句。

任务需求

添加一条狗狗信息到数据库。

任务实现

首先,需要在数据库中建立相应的数据表。本任务使用 MySQL 数据库,数据库名为 pet,数据表名为 dog。表结构如图 9-6 所示。

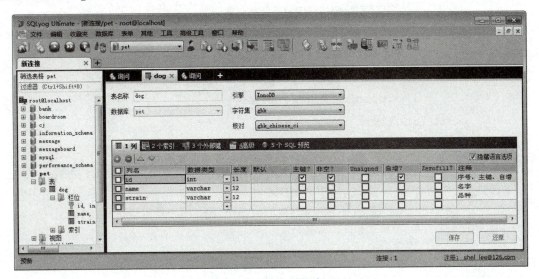

图 9-6 dog 数据表

然后,可以编写 Java 程序直接添加数据量。

```java
import java.sql.Connection;
import java.sql.DriverManager;
import java.sql.SQLException;
import java.sql.Statement;
/**
* 使用 JDBC 的纯 Java 方式添加信息。
*/
public class TestJDBC2 {
    public static void main(String[] args) {
        Connection conn = null;
        Statement stmt = null;
        String name = "憨憨";
        String strain = "京巴";
        try {
            Class.forName("com.mysql.jdbc.Driver");
```

```java
            conn = DriverManager.getConnection(
                "jdbc:mysql://localhost:3306/pet",
                "root","123456");
            stmt = conn.createStatement();
            stmt.executeUpdate("insert into dog(name,strain) values('" + name + "','" + strain + "')");
            System.out.println("添加狗狗信息成功!");
        }catch(ClassNotFoundException e){
            e.printStackTrace();
        }catch(SQLException e){
            e.printStackTrace();
        }finally{
            try{
                if(null != conn){
                    conn.close();
                    System.out.println("关闭连接成功!");
                }
            }catch(SQLException e){
                e.printStackTrace();
            }
        }
    }
}
```

●任务实现

要添加一条信息,只要创建 Statement 对象,然后调用 executeUpdate(String sql)方法即可。程序运行结果如图 9-7 所示。同时,MySQL 数据表的数据也添加一条记录,如图 9-8 所示。

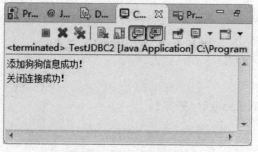

图 9-7 添加数据成功

项目9 Java数据库连接技术

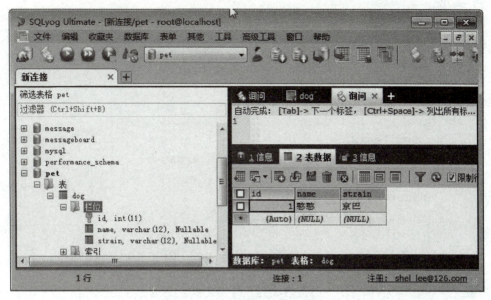

图9-8 数据表添加记录成功

Statement 常用方法见表9-1。

表9-1 Statement 常用方法

方法名	说 明
ResultSet executeQuery(String sql)	执行 SQL 查询并获取到 ResultSet 对象
int executeUpdate(String sql)	可以执行插入、删除、更新等操作,返回值是执行该操作所影响的行数
boolean execute(String sql)	可以执行任意 SQL 语句,然后获得一个布尔值,表示是否返回 ResultSet

任务3　使用 Statement 查询所有狗狗信息

查询数据表的信息是常见的功能需求。查询并输出数据,首先还是创建 Statement 对象,然后调用 excuteQuery(String sql)方法执行查询操作,返回值是结果集 ResultSet 对象。可以通过循环显示结果集 ResultSet 对象中的所有数据。

● 任务需求

查询数据库中信息

查询并输出 dog 表中所有狗狗信息。

- 213 -

● 任务实现

```java
import java.sql.Connection;
import java.sql.DriverManager;
import java.sql.ResultSet;
import java.sql.SQLException;
import java.sql.Statement;
public class TestJDBC3 {
    public static void main(String[] args) {
        Connection conn = null;
        Statement stmt = null;
        ResultSet rs = null;
        try {
            Class.forName("com.mysql.jdbc.Driver");
            conn = DriverManager.getConnection(
                "jdbc:mysql://localhost:3306/pet",
                "root","123456");
            stmt = conn.createStatement();
            rs = stmt.executeQuery("select * from dog");
            System.out.println("查询数据成功!");
            while (rs.next()) {
                System.out.print(rs.getInt(1) + "\t");
                System.out.print(rs.getString(2) + "\t");
                System.out.println(rs.getString("strain"));
            }
        } catch(ClassNotFoundException e){
            e.printStackTrace();
        } catch (SQLException e) {
            e.printStackTrace();
        } finally {
            try{
                if (null != conn) {
                    conn.close();
                    System.out.println("关闭连接成功!");
                }
            } catch (SQLException e) {
                e.printStackTrace();
            }
        }
    }
}
```

● 任务解析

本任务运行结果如图 9-9 所示。

图 9-9 运行结果

本任务查询结果为 ResultSet 对象,它可以理解为由所查询的结果组成的一个二维表,每行代表一条记录,每列代表一个字段,并且存在一个光标,光标所指行为当前行,只能对结果集的当前数据进行操作。光标初始位置为第一行之前(而不是指向第一行)。通过 ResultSet 的 next( )方法可以使光标向下移动一行,然后通过一系列 getXxx 方法实现对当前行各列数据的操作。

使用 ResultSet 对象的 next( )方法后,光标指向结果集的某一行,则返回 true,否则,返回 false。如果光标已经指向结果集最后一行,再次调用 next( )方法,会指向最后一行的后面,此时返回 false。

方法 getXxx 提供了获取当前行某列值的途径,列号或列名可用于标识要获取数据的列。ResultSet 常用方法见表 9-2。

表 9-2 ResultSet 常用方法

方法名	说明
boolean next( )	将光标从当前位置向下移动一行
boolean previous( )	将光标从当前位置向上移动一行
void close( )	关闭 ResultSet 对象
int getInt(int colIndex)	以 int 形式获取结果集当前行指定列号值
int getInt(String colLabel)	以 int 形式获取结果集当前行指定列名值
float getFloat(int colIndex)	以 float 形式获取结果集当前行指定列号值
float getFloat(String colLabel)	以 float 形式获取结果集当前行指定列名值
String getString(int colIndex)	以 String 形式获取结果集当前行指定列号值
String getString(String colLabel)	以 String 形式获取结果集当前行指定列名值

任务 4 使用 PreparedStatement 更新狗狗信息

通过任务 2 和任务 3 的学习,发现使用 Statement 接口方法进行 SQL 语句的拼接比较烦琐,并且容易出错,而使用 PreparedStatement 会更灵活、更高效。

●任务需求

将数据表里的狗狗信息更新。

●任务实现

```java
import java.sql.Connection;
import java.sql.DriverManager;
import java.sql.PreparedStatement;
import java.sql.SQLException;
/**
 *使用PreparedStatement更新狗狗信息。
 */
public class TestJDBC4 {
    public static void main(String[] args) {
        Connection conn = null;
        PreparedStatement pstmt = null;
        //1.加载驱动
        try {
            Class.forName("com.mysql.jdbc.Driver");
        } catch (ClassNotFoundException e) {
            e.printStackTrace();
        }
        try {
            //2.建立连接
            conn = DriverManager.getConnection(
                    "jdbc:mysql://localhost:3306/pet",
                    "root","123456");
            //3.更新狗狗信息到数据库
            String sql = "update dog set name =?,strain =? where id =?";
            pstmt = conn.prepareStatement(sql);
            pstmt.setString(1,"乖乖");
            pstmt.setString(2,"吉娃娃");
            pstmt.setInt(3,1);
            pstmt.executeUpdate();
            System.out.println("成功更新狗狗信息!");
        } catch (SQLException e) {
            e.printStackTrace();
```

```
        } finally {
            //4.关闭Statement和数据库连接
            try {
                if (null != pstmt) {
                    pstmt.close();
                }
                if (null != conn) {
                    conn.close();
                }
            } catch (SQLException e) {
                e.printStackTrace();
            }
        }
    }
}
```

任务解析

使用 PreparedStatement 操作数据库的基本步骤如下：

1. 创建 PreparedStatement 对象

通过 Connection 接口的 preparedStatement(String sql)方法来创建 PreparedStatement 对象，SQL 语句可以有一个或多个输入参数。这些输入参数的值在 SQL 语句创建时未被指定，而是用一个问号（"?"）作为占位符。如本任务中的语句：

```
String sql = "update dog set name = ?, strain = ? where id = ?";
```

2. 设置每个输入参数的值

通过调用 setXxx 方法来完成，其中 Xxx 是与参数相应的类型。如本任务中的语句：

```
pstmt.setString(1,"乖乖");
pstmt.setString(2,"吉娃娃");
pstmt.setInt(3,1);
```

3. 执行 SQL 语句

设置了各个输入参数的值后，就可以调用 ResultSet excuteQuery()或 int excuteUpdate()方法来执行数据库操作了。这两个方法与 Statement 接口中的方法名字相同、作用相同，但是不需要 SQL 语句做参数。SQL 语句已经在创建 PreparedStatement 时指定了，如本任务中的语句：

```
pstmt.executeUpdate();
```

本任务执行完后，数据表中 id 号为 1 的狗狗信息更新为：名字是"乖乖"，品种为"吉娃娃"，如图 9 – 10 所示。

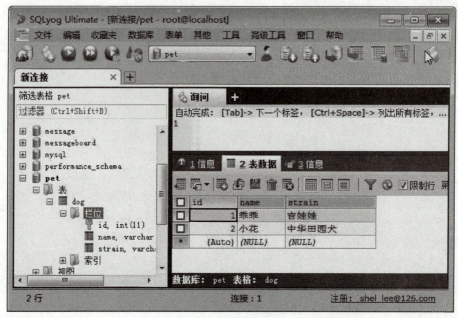

图 9-10　更新狗狗信息

9.5　拓展练习

一、选择题

1. 假设已经获得 ResultSet 对象 rs，那么获取第一行数据的正确语句是（　　）。
   A. rs.hasNext( )　　　B. rs.next( )　　　C. rs.nextRow( )　　　D. rs.hasNextRow( )

2. 给定如下 Java 代码片段，假定已经获得一个数据库连接，使用变量 conn 来表示。要从表 FirstLevelTitle 中删除所有 creator 列值为"张三"的记录（creator 字段的数据类型为 varchar），可以填入下划线处的代码是（　　）。

```
String strSql = "delete from FirstLevelTitle where creator = ?";
PreparedStatement pstmt = conn.preparedStatement(strSql);
_____
pstmt.excuteUpdate();
```

A. pstmt.setString(0,"张三");

B. pstmt.setString(1,"张三");

C. pstmt.setInt(0,"张三");

D. pstmt.setInt(1,"张三");

3. JDK 中（　　）类的主要职责是：依据数据库的不同，管理不同的 JDBC 驱动程序。
   A. DriverManager　　　B. Connection　　　C. Statement　　　D. Class

4. 假定已经获得一个数据库连接，使用变量 conn 来表示。下列语句中能够正确获得结果集的有（　　）。（请选两项）

A. Statement stmt = conn. createStatement( ) ;
   ResultSet rs = stmt. excuteQuery("select * from student") ;
B. Statement stmt = conn. createStatement("select * from student") ;
   ResultSet rs = stmtexcuteQuery( ) ;
C. PreparedStatement pstmt = conn. preparedStatement( ) ;
   ResultSet rs = pstmt. excuteQuery("select * from student") ;
D. PreparedStatement pstmt = conn. createStatement("select * from student") ;
   ResultSet rs = pstmtexcuteQuery( ) ;

5. 给定如下 Java 代码片段,假定查询语句是:select id,creator from FirstLevelTitle,并且已经获得了相应的结果集对象 rs。现在要在控制台上输出 FirstLevelTitle 表中各行 creator 列(存储类型为 varchar)的值,可以填入下划线处的代码是(   )。(请选两项)

```
while(rs.next()){
    int id = rs.getInt("id");
    String creator = _____
    System.out.println(creator);
}
```

A. rs. getString("creator") ;
B. rs. getString(1) ;
C. rs. getString(2) ;
D. rs. getString(creator) ;

二、编程题

在 MySQL 中创建一个 student 表,包含 id 号和姓名 name 两个字段,然后编写 Java 程序,进行增、删、改、查的相应数据库操作。

9.6 项目小结

1. JDBC(Java Data Base Connectivity,Java 数据库连接)可以为多种关系数据库提供统一访问,它由一组用 Java 语言编写的类和接口组成。

2. JDBC 访问数据库的步骤:加载 JDBC 驱动、提供 JDBC 连接的 URL、创建数据库的连接、创建一个 Statement、执行 SQL 语句、处理结果、关闭 JDBC 对象。

3. 纯 Java 驱动方式运行速度快,支持跨平台,是目前常用的方式。但这类 JDBC 驱动只对应一种数据库,甚至只对应某个版本数据库。

4. 数据库操作结束后,应该关闭数据库连接,释放系统资源。为了确保执行,关闭数据库连接语句要放到 finally 语句块中。

5. Statement 接口负责执行 SQL 语句。

6. ResultSet 接口负责保存和处理 Statement 执行后所产生的查询结果。

7. PreparedStatement 接口继承自 Statement 接口,具有高安全性、高性能、高可读性和高可维护性的优点。

项目 10

图形用户界面设计

早期计算机向用户提供的是单调枯燥的纯字符状态的命令操作窗口,当今大多数编程软件都具备了图形用户界面。下面介绍 Java 中的图形用户界面系统 Swing。

Java 早期进行用户界面设计时,使用 java.awt 包提供的类,如 Button(按钮)、Text(文本框)等组件类,AWT 就是 Abstract Window Toolkit(抽象窗口工具包)的缩写。Java2(JDK1.2)增加了一个新的 javax.swing 包,该包提供了更为强大的用来设计 GUI(Graphical User Interface)界面的类。

10.1 学习导航

☆ **工作任务**:

任务1 创建 JFrame 窗体
   任务1.1 通过 JFrame 类的对象创建窗口
   任务1.2 通过继承 JFrame 类创建窗口
任务2 在 JFrame 类的对象中放置一个按钮
任务3 使用各种布局方式布局组件
   任务3.1 使用 BorderLayout 布局管理器
   任务3.2 使用 FlowLayout 布局管理器
   任务3.3 使用 GridLayout 布局管理器
任务4 在 JFrame 类的对象中使用中间容器
任务5 认识各类组件
   任务5.1 认识标签、文本框、文本区、单选按钮组件
   任务5.2 认识复选框、列表框、下拉列表、密码框组件
任务6 实现计算器的设计
任务7 完成界面设计,并且为按钮添加事件
任务8 为按钮添加事件,当单击按钮时,文本框显示某按钮被单击

☆ **技能目标**:

(1)掌握常用组件。
(2)知道中间容器。
(3)会根据情况选择不同布局。
(4)掌握事件处理机制。

10.2 项目情境

常用的 Java 图形界面开发工具有两种:一种是 AWT 抽象窗口工具包,这个工具包提供了一套与本地图形界面进行交互的接口;另一种是 Swing,它是在 AWT 的基础上构建的一套新的图形界面系统,它提供了 AWT 所能够提供的所有功能,并且用纯粹的 Java 代码对 AWT 的功能进行了大幅度的扩充。由于 Swing 控件是用 100% 的 Java 代码来实现的,因此,在一个平台上设计的树形控件可以在其他平台上使用。本节将主要介绍 Swing 组件的使用方法。

图形界面开发涉及 Java 程序界面的构成,一般由以下元素构成:
①一个顶层容器(即主窗口)。
②顶层容器包含若干个中间容器。
③每个中间容器包含若干个基本组件。
④按照合理的布局方式将它们组织在一起。
⑤基本组件可响应发生在其上的事件。

因此,本项目的任务主要包含创建主窗体,根据要求写出任务包含的所有组件;根据要求在窗体中使用相应的布局;对窗体中组件上发生的事件添加事件处理。

10.3 预备知识

10.3.1 AWT 与 Swing

常用的 Java 图形界面开发工具分为以下两种。

1. AWT

这个工具包提供了一套与本地图形界面进行交互的接口。不同操作系统的图形库所提供的功能是不一样的,因此,在一个平台上存在的功能在另外一个平台上则可能不存在。为了实现 Java 语言所宣称的"一次编译,到处运行"的概念,AWT 不得不通过牺牲功能来实现其平台无关性,也就是说,AWT 所提供的图形功能是各种通用型操作系统所提供的图形功能的交集。由于 AWT 是依靠本地方法来实现其功能的,通常把 AWT 控件称为重量级控件。

2. Swing

Swing 用纯粹的 Java 代码对 AWT 的功能进行了大幅度的扩充。例如,并不是所有的操作系统都提供了对树形控件的支持,Swing 利用 AWT 中所提供的基本作图方法对树形控件进行模拟。由于 Swing 控件是用 100% 的 Java 代码来实现的,因此,在一个平台上设计的树形控件可以在其他平台上使用。在 Swing 中,没有使用本地方法来实现图形功能,因此,通常把 Swing 控件称为轻量级控件。

AWT 和 Swing 的基本区别:AWT 是基于本地方法的程序,其运行速度比较快;Swing 是基于 AWT 的 Java 程序,其运行速度比较慢。对于一个嵌入式应用来说,目标平台的硬件资源往往非常有限,而应用程序的运行速度又是项目中至关重要的因素。在这种矛盾的情况下,简单而高效的 AWT 成了嵌入式 Java 的第一选择。而在普通的基于 PC 或者是工作站的标准 Java

应用中,硬件资源对应用程序所造成的限制往往不是项目中的关键因素,所以,在标准版的 Java 中提倡使用 Swing,通过牺牲速度来实现应用程序的功能。

10.3.2 Swing 的顶级容器

容器是用来容纳和管理一组界面元素的对象。基本组件必须被安排在某个容器中,否则就无法使用。图形界面中至少要有一个 Swing 顶级容器。Swing 顶级容器为其他 Swing 组件在屏幕上的绘制和处理事件提供支持。常用的顶级容器见表 10-1。

表 10-1 常用的顶级容器

JFrame(框架)	表示主程序窗口,应用程序至少会使用一个框架窗口
JDialog(对话框)	每个 JDialog 对象表示一个对话框
JApplet(小程序)	在浏览器内显示一个小程序界面

JFrame 类是一个容器,允许程序员把标签、按钮和文本等组件添加到 JFrame 类里面,并把它们组织起来,呈现给用户。JFrame 框架表面上应用简单,但实际上它是 Swing 包中最复杂的组件。为了最大限度地简化组件,在独立于操作系统的 Swing 组件与实际运行这些组件的操作系统之间,JFrame 起着"桥梁"的作用。JFrame 在本机操作系统中是以窗口的形式注册的,这样就可以得到许多熟悉的操作系统窗口的特性:最小化、最大化、改变大小、移动。本节主要以 JFrame 为例进行介绍。JFrame 框架的构造方法见表 10-2。

表 10-2 JFrame 框架的构造方法

JFrame()	构造一个初始时不可见的新窗体
JFrame(String title)	创建一个新的、初始时不可见的、具有指定标题的窗体

10.3.3 Swing 的中间容器

中间容器有 JPanel、JScrollPane、JSplitPane、JTabbedPane、JInternalFrame、Box。这些容器提供将有关组件按照某种布局组合在一起,然后放入中间容器或顶层容器的功能。本节主要以 JPanel 为例进行介绍。表 10-3 介绍各容器具体的作用。

表 10-3 中间容器

JPanel	面板,用于容纳界面元素,以便在布局管理器的设置下容纳更多的组件
JScrollPane	具有滚动条的面板
JSplitPane	具有拆分功能的面板,提供可拆分窗口,支持水平拆分和垂直拆分,并带有滑动条
JTabbedPane	选项面板,提供一组可供用户选择的带有标签或图标的开关键
JInternalFrame	用于创建内嵌于 JFrame 中的内部框架
Box	提供创建横向/纵向盒子容器的功能

10.3.4 Swing 的基本组件

常用的基本组件见表 10-4。表中的组件也是本节重点使用的组件。

表 10-4 基本组件

组件名称	功能与基本用法举例
JLabel 标签	在标签上显示文字、图像或是文字和图像的组合 语法格式:Label(String s) 功能:构造一个显示字符串 s 的标识
JButton 按钮	是一个常用组件,按钮可以带标签或图像 语法格式:Button(String s) 功能:构造一个以字符串 s 为标识的按钮
JTextField 单行文本框	语法格式:TextField(int i) 功能:构造一个字符串长度为 i 的单行文本输入框
JTextArea 多行文本框	语法格式:TextArea(int i,int j) 功能:构造一个行数为 i,列数为 j 的文本输入框
JPasswordField 密码框	语法格式:JPasswrodField(int i) 密码框回显字符为'#':txtPwd.setEchoChar('#') 密码框内容:char[ ] pwd = txtPwd.getPassword( ) 可将 char 数组转化为 String 类型的对象: String pwdStr = new String(txtP.getPassword( ))
JCheckBox 复选框	语法格式:Checkbox(String s) 功能:构造一个以字符串 s 为标识的复选框条目
JRadioButton 单选按钮	语法格式:CheckboxGroup( ) 功能:构造一个条目组
JComboBox 选择框	每次只能选择其中的一项,但是可编辑每项的内容,而且每项的内容可以是任意类,而不再局限于 String
Scrolling List 列表框	语法格式:List(int n,boolean b) 功能:构造一个有 n 个列表项的列表框,并根据 b 的值决定是否允许多选
JProgressBar 进程条	提供一个直观的图形化的进度描述,即从"空"到"满"的过程
JSlider 滑动条	使用户能够通过一个滑块的来回移动来输入数据
JScrollbar 滚动条	构造函数: mySlider = new JScrollbar(JScrollbar.HORIZONTAL,0,1,0,Integer.MAX_VALUE) JScrollbar 滚动条的一些方法: int getValue( ),返回滑块当前位置 setUnitIncrement(1),设置单位增量(点按两端箭头) setBlockIncrement(50),设置块增量(点按滚动槽)

除了上述组件,还有一些其他组件,下面介绍菜单组件,如图 10 – 1 所示。

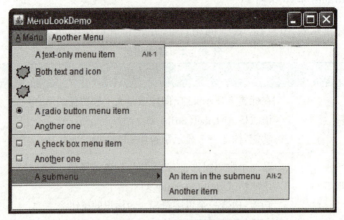

图 10 – 1　菜单组件

菜单采用的是一种层次结构,最顶层是菜单栏(JMenuBar);在菜单栏中可以添加若干个菜单(JMenu),每个菜单中又可以添加若干个菜单选项(JMenuItem)、分隔线(Separator)或者菜单(称为子菜单)。当单击一个菜单选项时,会生成一个动作事件(ActionEvent)。为菜单选项添加事件侦听器就可以侦听其动作事件,例如 sysConfigItem. addActionListener(aListener);。为一个菜单或者菜单选项设置快捷键:

```
menuSysConfig.setMnemonic('X');
sysConfigItem.setMnemonic('S');
```

如果需要快速选择未打开的菜单中的菜单选项或是子菜单,可以使用加速键。例如,当希望按下 Ctrl + L 组合键时,就立刻选中 lockItem 菜单选项,而不管 lockItem 所在的菜单是否已经打开,就可以使用下面的方法为 lockItem 设置加速键:

```
KeyStroke ks = KeyStroke.getKeyStroke(KeyEvent.VK_L,InputEvent.CTRL_MASK);
lockItem.setAccelerator(ks);
```

JPopupMenu(弹出式菜单):是一种特殊的菜单,和普通菜单的区别在于其不固定在菜单栏中,而是可以四处浮动。下面的语句创建了一个弹出式菜单:

```
JPopupMenu popup = new JPopupMenu();
```

与向菜单中添加菜单选项、分隔线或子菜单一样,使用同样的方法向弹出式菜单中添加内容。用户可以通过单击某个特殊的鼠标键(称为触发器)来触发弹出式菜单。例如,在 Windows 操作系统上,一般是鼠标右键。为此,应用程序中应该监听弹出式菜单的父组件的鼠标事件:当有鼠标事件发生时,使用 isPopupTrigger( ) 方法来判断是否为弹出式菜单的触发器,如果是,则在该父组件上显示出弹出式菜单。同样,以弹出式菜单为例,该菜单的父组件是一个显示公司徽标的标签 labLogo,当用户在该标签上右击鼠标时,弹出式菜单出现。下面的代码实现了上述功能:

```
labLogo.addMouseListener(new MouseAdapter(){
public void mouseReleased(MouseEvent e){
if (e.isPopupTrigger()){
popup.show(labLogo,e.getX(),e.getY());
    }
  }
    });
```

有些菜单选项的使用频率较高,每次使用都要打开菜单,效率较低。为此,可以在工具条(JToolBar)中提供与这些菜单选项相对应的快捷按钮,以提高用户的效率。工具条中通常是一些带有图标的按钮,当然,也可以是其他类型的 GUI 组件,例如组合框等。通常,工具条所提供的操作是菜单所能提供操作的一个子集,目的是能够快速访问那些使用频率高的操作。工具条通常被置于布局为 BorderLayout 的容器中。工具条还有一个特点:可以被拖动到所在容器的其他边界,甚至脱离其所在的容器。可以使用语句 JToolBar toolbar = new JToolBar();生成一个工具条对象。可以在生成工具条时,指明工具条的标题,这样,当工具条脱离所在容器时,可以在自己的标题栏显示标题:JToolBar toolbar = new JToolBar("颜色工具条");。向工具条中添加组件时,使用 add 方法:

```
toolbar.add(btnBlue);
toolbar.add(btnYellow);
```

缺省情况下,组件是按照水平方式逐个添加入工具条的,也可以在生成工具条时指明以垂直方式来添加组件:JToolBar toolbar = new JToolBar(SwingConstants. VERTICAL);。如果希望工具条不能移动,可以使用 setFloatable 方法来设置:toolbar. setFloatable(false);。当工具条中的按钮上只显示图标时,用户可能不能确切知道各个按钮的具体含义,可以使用工具提示解决这个问题:btnYellow. setToolTipText("面板置为黄色");。

下面介绍表格组件,如图 10 -2 所示。

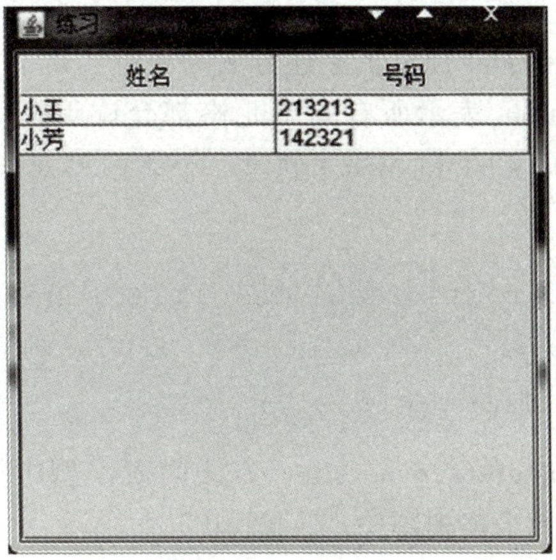

图 10 -2 表格组件

表格(JTable)也是一种常用的 GUI 组件,常用来显示大量的数据。表格是模型 – 视图 – 控制器设计模式的一个典型应用。表格本身并不存储所显示的数据,数据实际上是存储在表模型

中的,表格只是表模型的一种视图。JTable 提供了如下两种构建器,可以方便地创建简单表格:

```
Table(Object[][] data,Object[] columnNames);
JTable(Vector data,Vector columnNames);
```

采用上述方法可以发现存在不少缺点。例如,每一列的宽度都是一样的;未能正确显示日期;数值未能按照希望保留到小数点后面两位,并靠右显示;表格中的数据必须预先存放在一个数组或是向量(Vector)中等。在一个真正的应用程序中,使用这样的表格是不能满足实际应用要求的。在缺省情况下,表格中的每列是等宽的,并且调整某列的宽度时,其他列的宽度也会相应自动调整。可以使用下面的语句关闭列宽自动调整特性:

```
table.setAutoResizeMode(JTable.AUTO_RESIZE_OFF);
```

之后,要设定某列的宽度。首先依据该列的列名取得列对象,以设定第一列宽度为例:

```
TableColumn col = table.getColumn(columnNames[0]);
```

然后调用 **setPreferredWidth** 方法设定该列宽度:

```
col.setPreferredWidth(200);
```

前面已经提到,表格有一个对应的表模型,数据存储在表模型中,表格是表模型的视图。在建立表格视图时,总需要自动调用表模型中的一些方法,这些方法的返回值决定了最终的视图。部分常需要用到的方法的名称和含义如下:

```
public int getRowCount();//取得行数
public int getColumnCount();//取得列数
public Object getValueAt(int row,int column);//取得指定单元格的数据
public boolean isCellEditable(int row,int column);
 //指定单元格是否允许编辑
public String getColumnName(int column);//取得指定列的列名
public Class getColumnClass(int column);
```

缺省表模型 DefaultTableModel 提供了上述方法的缺省实现。例如,DefaultTableModel 中的 isCellEditable 方法总是返回 true,表示所有的单元格都允许编辑;getColumnClass 方法总是返回 Object.class。可以使用 DefaultTableModel 创建一个表模型对象,然后再使用表模型创建表格,例如:

```
DefaultTableModel model = new DefaultTableModel(0,5);
 //0 行 5 列的表模型
 JTable table = new JTable(model);
```

然后可以使用 model 的 addRow、removeRow 方法向表模型中添加或删除数据。对表模型增删数据的结果会自动反映到表格视图中。

但是,通常情况下,并不直接使用 DefaultTableModel,更多的情形是继承 DefaultTableModel 类,并覆盖其中部分方法,以达到特殊的要求。

下面再来介绍树形控件,如图 10－3 所示。

图10-3 树形控件

(1) JTree 构造函数:

①JTree( ):建立一棵系统默认的树。

②JTree(Hashtable value):利用 Hashtable 建立树,不显示 root node(根节点)。

③JTree(Object[ ] value):利用 Object Array 建立树,不显示 root node。

④JTree(TreeModel newModel):利用 TreeModel 建立树。

⑤JTree(TreeNode root):利用 TreeNode 建立树。

⑥JTree(TreeNode root,boolean asksAllowsChildren):利用 TreeNode 建立树,并决定是否允许子节点存在。

⑦JTree(Vector value):利用 Vector 建立树,不显示 root node。

(2) JTree 上的每一个节点就代表一个 TreeNode 对象,TreeNode 本身是一个 Interface,里面定义了 7 个有关节点的方法,例如,判断是否为树叶节点、有几个子节点(getChildCount( ))、父节点为何(getparent( ))等。这些方法的定义可以在 javax.swing.tree 的 package 中找到,读者可自行查阅 Java API 文件。

(3) 在实际应用中,一般不会直接实作此界面,而是采用 Java 所提供的 DefaultMutableTreeMode 类,此类是实作 MutableTreeNode 界面而得,并提供了其他许多实用的方法。

MutableTreeNode 本身也是一个 Interface,且继承了 TreeNode 界面。此类主要是定义一些节点的处理方式,例如新增节点(insert( ))、删除节点(remove( ))、设置节点(setUserObject( ))等。整个关系为 TreeNode – extends→MutableTreeNode – implements – DefaultMutableTreeNode。

(4) 利用 DefaultMutableTreeNode 建立 JTree 的方法如下。

DefaultMutableTreeNode( ):建立空的 DefaultMutableTreeNode 对象。

DefaultMutableTreeNode(Object userObject):建立 DefaultMutableTreeNode 对象,节点为 userObject 对象。

DefaultMutableTreeNode(Object userObject, Boolean allowsChildren):建立 DefaultMutableTreeNode 对象,节点为 userObject 对象,并决定此节点是否允许具有子节点。

(5) 除了以节点的观念(TreeNode)建立树之外,还可以用 data model 的模式建立树。树的 data model 称为 TreeModel,用此模式的好处是可以触发相关的树事件来处理树可能产生的一些变动。TreeModel 是一个 interface,里面定义了 8 种方法,如果喜欢自己动手做,或是想显示的数据格式很复杂,可以考虑直接使用 TreeModel 界面中所定义的方法来构造出 JTree。TreeModel 界面,方法如下:

void addTreeModelListener(TreeModelListener 1):增加一个 TreeModelListener 来监控 TreeModelEvent 事件。

Object getChild(Object parent,int index):返回子节点。

int getChildCount(Object parent):返回子节点数量。

int getIndexOfChild(Object parent,Object child):返回子节点的索引值。

Object getRoot():返回根节点。

boolean isLeaf(Object node):判断是否为树叶节点。

void removeTreeModelListener(TreeModelListener 1):删除 TreeModelListener。

void valueForPathChanged(TreePath path,Object newValue):请求改变路径。

当用户改变 Tree 上的值时,可以使用这 8 种方法构造出自己想要的 JTree。不过,通常不会这样做,毕竟要使用这 8 种方法不是件很轻松的事,而且 Java 本身也提供了一个默认模式,即 DefaultTreeModel。利用这个默认模式,便能很方便地构造出 JTree。下面为 DefaultTreeModel 构造函数:

DefaultTreeModel(TreeNode root):建立 DefaultTreeModel 对象,并定出根节点。

DefaultTreeModel(TreeNode root,Boolean asksAllowsChildren):建立具有根节点的 DefaultTreeModel 对象,并决定此节点是否允许具有子节点。

(6) 当树的结构有任何改变时,例如改变节点值、新增节点、删除节点等,都会使用 TreeModelEvent 事件。要处理这样的事件,必须构造 TreeModelListener 界面。此界面定义了 4 种方法,如下所示:

Void treeNodesChanged(TreeModelEvent e):当改变节点时,系统就会调用这个方法。

Void treeNodesInserted(TreeModelEvent e):当新增节点时,系统就会调用这个方法。

Void treeNodesRemoved(TreeModeEvent e):当删除节点时,系统就会调用这个方法。

Void treeStructureChanged(TreeModelEvent e):当改变树结构时,系统就会调用这个方法。

(7) TreeModelEvent 类本身提供了 5 种方法来帮助取得事件的信息,如下所示:

int[ ] getChildIndices():返回子节点群的索引值。

Object[ ] getChildren():返回子节点群。

Object[ ] getPath():返回 Tree 中一条 path 上(从 root node 到 leaf node)的节点。

TreePath getTreePath():取得目前位置的 Tree。

Path. String toString():取得字符串表示法。

由 TreeModelEvent 的 getTreePath()方法就可以得到 TreePath 对象,此对象能够让我们知道用户目前选择的是哪一个节点。TreePath 类最常用的方法为:

public Object getLastPathComponent():取得最深(内)层的节点。

public int getPathCount():取得此 path 上的节点数目。

10.3.5 布局方式

布局是指组件或者中间容器在容器中的排列方式,主要有如表 10-5 所示几种。

表 10 - 5 布局方式

布局方式	特　点
FlowLayout	流式布局,把控件按照顺序一个接一个由左向右水平放置在容器中,一行放不下,就放到下一行
BorderLayout	边界布局,是组件缺省的布局方式。将整个容器划分成东、南、西、北、中五个方位来放置控件。放置控件时,需要指定控件放置的方位
GridLayout	网格布局,将整个容器划分成一定的行和一定的列,可以指定控件放在某行某列上
CardLayout	卡片布局,将容器中的每个组件看作一张卡片。一次只能看到一张卡片,容器则充当卡片的堆栈,以一叠卡片的形式依次排列各组件,适用于在一个空间中放置多个组件的情况
BoxLayout	盒式布局,可以指定在容器中是否对控件进行水平或者垂直放置,比 FlowLayout 更为灵活
GridBagLayout	网格包布局,是 Swing 中最灵活也是最复杂的布局管理器,可对控件在容器中的位置进行比较灵活的调整。其是 GridLayout 的升级版,组件仍然是按照行、列放置的,但是每个组件可以占据多个网格
null	空布局,不使用布局,按照控件自身提供的大小、位置信息放置控件

对于一些复杂的情况,往往需要使用容器的嵌套,各容器可使用不同的布局。当容器的尺寸改变时,布局管理器会自动调整组件的排列。表 10 - 6 是各种容器的默认布局方式。

表 10 - 6 容器的默认布局方式

容器		默认布局方式
顶层容器	JFrame	BorderLayout(边界布局)
	JDialog	BorderLayout(边界布局)
	JApplet	FlowLayout(流式布局)
中间容器	JPanel	FlowLayout(流式布局)

10.3.6 事件处理

图形界面制作完成后,要想使每个组件发挥自己的作用,响应键盘或者鼠标的事件,就必须对所有的组件进行事件处理。因此,先要了解事件处理机制。

在 Java 中,事件处理机制涉及事件、事件源、事件处理方法等几个问题,事件处理的过程中,是围绕着一个称为"监听器"(Listener)的对象来进行的,事件的接收、判断和处理都是委托"监听器"来全权完成的,这称为"基于委托的事件处理模型"(Delegation Event Model)。

Java 的事件处理过程是这样的:程序中使用"监听器"对想要接收事件的组件进行监视,当用户动作触发事件时,"监听器"会接收到它所监听组件上的事件,然后根据事件类型,自行决定使用什么方法来处理。事件是组件对用户的动作的响应,而响应用户动作并产生事件的组件就是事件源。如果组件有监听器监听,组件产生的事件就会以消息的形式传递给监听器。监听器根据监听到的事件类型,调用相应的方法去执行用户的需求。而事件类和事件类的方法的应用则在事件接口方法中体现,如图10-4所示。

图10-4 事件处理模型

1. 事件处理机制

事件:Java 语言将每一个键盘或鼠标的操作定义为一个"事件"。

事件响应:当事件发生时,程序应该做出何种响应。

2. 事件处理的模型

事件源:产生事件的组件叫作事件源。

事件对象:描述系统中发生了什么的对象,用户对组件做的不同操作,是系统写好了的。

事件监听器:对事件进行处理的类。要做的工作是写事件的监听器,然后把这个监听器交给组件。

Java 有 20 多个预定义的事件类,包含了所有组件上可能发生的事件。每一个事件都有一个相应的事件接口,事件接口中的事件处理方法完成对事件的处理,见表10-7。

表10-7 常见的事件及其监听器一览表

事件名称	监听器	主要用途
WindowEvent	WindowListener	窗口发生变化,如关闭
ActionEvent	ActionListener	产生动作,如单击按钮
ItemEvent	ItemListener	项目变化,如复选框
ListSelectionEvent	ListSelectionListener	选择列表中的项目
ChangeEvent	ChangeListener	状态改变,如进度条
FocusEvent	FocusListener	焦点获得或失去
MouseEvent	MouseListener	鼠标单击、进入或离开
MouseEvent	MouseMotionListener	鼠标拖动或移动
KeyEvent	KeyListener	按键产生时
MenuEvent	MenuListener	菜单选择时

3. 事件处理的一般方法

①创建将要产生事件的组件对象。

②构造实现相应事件监听器接口的类,并创建事件监听器对象。

③为组件对象增加事件监听器对象:组件对象.addXxxListener(事件监听器对象)。

注:接口中的方法都含有所产生的事件对象参数,使用该参数的 getSource()方法可以得到产生该事件的事件源。例如:public void actionPerformed(ActionEvent evt)。

事件处理:ActionEvent 与 ActionListener。

当单击按钮、在文本区域中按 Enter 键、选择组合框中的项目、选择菜单项时,产生该事件。ActionListener 接口中的方法 void actionPerformed(ActionEvent),该事件在实际应用中经常被处理。ActionEvent 中的常用方法 String getActionCommand(),获得与该动作相联系的组件的命令字符串名称,组件对象可使用 setActionCommand(String)方法进行设置,默认的命令字符串名称是组件的标签名称。事件源通过 addActionListener(…)方法获得监视器。

10.4 项目实施

任务 1 创建 JFrame 窗体

任务 1.1 通过 JFrame 类的对象创建窗口

● 任务需求

通过 JFrame 类的对象创建一个 500×400 像素、标题为"计算器"的窗口,并显示在距离屏幕左上角 400×200 像素的地方,背景为绿色。创建一个窗体有两种方法:

通过 JFrame 类的对象创建窗口

①在程序中定义一个 JFrame 类的对象,并且设置 JFrame 对象的相关属性。

②自定义的类继承于 JFrame 类,并设置相关属性。

● 任务实现

通过创建一个 JFrame 类的对象创建一个窗体。

```
import java.AWT.Color;
import javax.swing.*;
public class FirstFrame{
    public static void main(String[] args) {
    JFrame jf = new JFrame();//定义一个 JFrame 类的对象 jf
    jf.setSize(500,400);//设置窗口的大小
    jf.setTitle("我的窗口");   //设置窗口的标题为"我的窗口"
    jf.setLocation(400,200);//设置窗口在屏幕中的显示位置
        jf.getContentPane().setBackground(Color.green);
    //设置窗口的背景颜色
```

```
            jf.setVisible(true);
        /*
            *设置窗口可见,如果程序中不设置窗口是否显示,窗口是不显示的。
            *所以这条语句是应该存在的,也可以用 jf.show(true);代替。
            */
        }
    }
```

代码运行的结果如图 10-5 所示。

图 10-5　通过 JFrame 类的对象创建窗口

任务解析

JFrame 框架一旦创建,在其中就已经包含了一个内容面板,一般在向 JFrame 框架中添加组件时,都加在内容面板中,这个面板可以通过 JFrame 的成员方法 getContentPane( )取出。所以,即使设置了 JFrame 的背景颜色,也仍然会被内容面板盖住,这样就不如设置内容面板的背景颜色了:通过 JFrame 的 getContentPane( )方法先获取窗口的默认面板,再通过设置背景颜色方法 setBackground(Color. green)来设置窗口的背景颜色。

通过 JFrame 构造方法也可以设置窗口标题,如 JFrame jf = new JFrame("计算器")。

通过上面的实例可知,当单击窗口的"关闭"按钮时,虽然窗口消失了,但是并不代表程序结束,此时关闭窗口只是个假象,也就是窗口的进程 javaw. exe 并没有消失,如图 10-6 所示。可以使用 jf. setDefaultCloseOperation(JFrame. EXIT_ON_CLOSE)来设置窗口关闭的方式,它使用 System exit 方法退出应用程序。

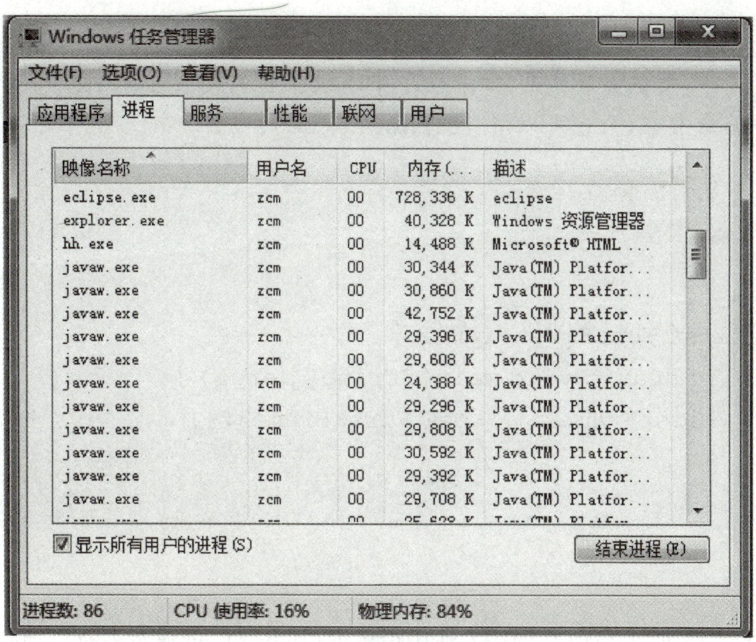

项目10 图形用户界面设计

图 10-6　查看进程

任务1.2　通过继承 JFrame 类创建窗口

● 任务需求

通过继承 JFrame 类创建一个 500×400 像素、标题为"计算器"的窗口,并显示在距离屏幕左上角 400×200 像素的地方,背景为绿色。通常采用一个类继承 JFrame 类来完成窗口的创建,这样这个类就具有窗体的特性,可以使用窗体的方法和属性,从而为编程带来方便。

● 任务实现

```java
import java.AWT.Color;
import javax.swing.*;
public class FirstFrame2 extends JFrame {
    public FirstFrame2() {
        this.setSize(500,400);//设置窗口的大小
        this.setTitle("我的窗口");//设置窗口的标题为"我的窗口"
        this.setLocation(400,200);//设置窗口在屏幕中的显示位置
        this.getContentPane().setBackground(Color.green);
        //设置窗口的背景颜色
        this.setDefaultCloseOperation(JFrame.EXIT_ON_CLOSE);
        //设置窗口的关闭方式
        this.setVisible(true);
```

```
            /*
            * 设置窗口可见,如果程序中不设置窗口是否显示,窗口是不显示的。所
以这条语句是应该存在的,也可以用 jf.show(true);代替。
            */
        }
    }

    public class TestFirstFrame2 {
        public static void main(String[] args) {
            FirstFrame2 jf = new FirstFrame2();
        }
    }
```

●任务解析

通过上面的实例可知,可以在构造方法中设置窗口的属性,创建对象时自动完成属性设置。可以在 JFrame 对象中放置按钮、文本框等组件,界面的基本组织方式是:

①由 JFrame 创建初始的用户界面。
②由 JPanel、JScrollPane、JTabbedPane、JSplitPane、JInternalFrame、Box 等创建中间容器。
③由基本组件类创建有关的组件。
④将基本组件按照某种布局添加到中间容器中,根据需要可能会用到容器的嵌套。
⑤将中间容器按照某种布局添加到顶层容器中,形成满足用户需求的操作界面。

任务2 在 JFrame 类的对象中放置一个按钮

●任务需求

任务窗体创建完成后,即要在窗体中放置不同的组件来完成相应的功能。JButton(按钮)是用户在图形界面设计中使用率最高的控件之一,它一般用于完成用户的提交操作(如注册、修改等)。本任务就是在窗体上放置一个按钮。

在 JFrame 类的对象中放置一个按钮

按钮只有按下和释放两种状态。用户可以通过捕获按下并释放的动作执行一些操作。按钮有自己的构造方法(表 10-8),用来完成不同的功能。

表 10-8 JButton 的构造方法

构造方法	功能
JButton()	建立一个按钮
JButton(Icon icon)	建立一个有图像的按钮
JButton(String icon)	建立一个有文字的按钮
JButton(String text,Icon icon)	建立一个有图像与文字的按钮

● 任务实现

```
public class SenconFrame{
    public static void main(String[] args) {
        JFrame jf = new JFrame();//定义一个JFrame类的对象jf
        jf.setSize(500,400);//设置窗口的大小
        jf.setTitle("我的窗口");   //设置窗口的标题为"我的窗口"
        jf.setLocation(400,200);//设置窗口在屏幕中的显示位置
        jf.getContentPane().setBackground(Color.green);
        //设置窗口的背景颜色
        jf.setDefaultCloseOperation(JFrame.EXIT_ON_CLOSE);
        //设置窗口的关闭方式
        JButton jb = new JButton(   );//创建一个按钮jb
        jb.setText("确认");   //设置jb按钮的文本为"确认"
        jf.add(jb);
        jf.setVisible(true);//设置窗口可见
    }
}
```

运行结果如图10-7所示。

图10-7 在 JFrame 类的对象中放置一个按钮

● 任务解析

可以看出这个按钮很大,占满了整个窗口,为什么会这样呢?原来窗口中组件的大小和位

置都是由布局管理器来管理的。在一个容器中摆放按钮时，缺省的摆放位置是 BorderLayout 中的 Center，于是看到上述按钮占满整个窗口。

在 Swing 顶级容器里面，任何一个控件都是一个容器。容器可以看成一个层面，在它的上面可以添加其他组件或者容器，称为它的子控件（children）。添加到同一个容器内的子控件位于同一层，比容器本身高一层。Swing 的绘图方式是从最底层开始一层一层来绘制的，高层的绘制覆盖低层的绘制。一个容器负责完成自己所有子控件的布局排列和绘制。

在 Swing 顶级容器里面，一个通用的接口用来帮助容器完成布局排列，这个接口就是 LayoutManager 接口，常用的 BorderLayout、FlowLayout、GridLayout 等布局类都由其实现。

在实际应用中，LayoutManager 负责两件事：给定当前容器的实际大小，尽最大努力对所有的子控件进行布局排列；给定当前容器所有的子控件，以及它们"喜欢的"大小，计算容器本身"喜欢的"大小（一个容器，假如没有特别指定 setPreferredSize()，那么 getPreferredSize()方法返回的就是 LayoutManager 帮它算出的大小）。仔细想一下就会发现，这两件事的思维方向正好相反：一个是"从外向内"，即在外部环境已经确定的情况下，运算解决内部细节；另一个是"从内向外"，即在内部细节确定的情况下，通知外部环境自己需要的空间大小。

Frame、JDialog、JWindow 等都继承自 Window 类，而 Window 类又继承自 Container，也就是说，窗口也是一个容器。假如这个最底层的容器的大小已经确定，那么所有的问题都能推知答案：这个最底层容器所用的 LayoutManager 会帮助它确定内部细节，即所有子容器的位置和大小。如果这些子容器的大小被确定了，这些子容器的 LayoutManager 就有了依据，可以继续运算，所有控件的位置和大小都可以确定下来。窗口的大小可以用 setSize()方法来确定。

BorderLayout 边界布局管理器可以对容器组件进行安排，并调整其大小，使其符合下列 5 个区域：北、南、东、西、中。每个区域最多只能包含一个组件，并通过相应的常量进行标识：North、South、East、West、Center。当使用边界布局将一个组件添加到容器中时，要使用这 5 个常量之一。如果一个组件没有设置其布局方式，缺省的布局方式是 BorderLayout 中的 Center 区域。在一个容器中摆放按钮时，缺省的摆放位置是 BorderLayout 中的 Center，于是看到上述按钮占满整个窗口。

如果想显示的是 BorderLayout 布局，可以用 JFrame 类的 setLayout()方法实现，方法参数是 BorderLayout 的构造法。

任务 3　使用各种布局方式布局组件

任务 3.1　使用 BorderLayout 布局管理器

使用各种布局方式布局组件

● 任务需求

使用 BorderLayout 布局管理器在 JFrame 类的对象中放置 5 个按钮；熟悉 BorderLayout 布局管理器的用法。

任务实现

```java
import java.AWT.Color;
import javax.swing.*;
public class ThirdFrame{
    public static void main(String[] args) {
        JFrame jf = new JFrame();//定义一个JFrame类的对象jf
        jf.setSize(500,400);//设置窗口的大小
        jf.setTitle("我的窗口");    //设置窗口的标题为"我的窗口"
        jf.setLocation(400,200);//设置窗口在屏幕中的显示位置
        jf.getContentPane().setBackground(Color.green);
        //设置窗口的背景颜色
        jf.setDefaultCloseOperation(JFrame.EXIT_ON_CLOSE);
        //设置窗口的关闭方式
        JButton jbtn1 = new JButton("上");//创建一个按钮jbtn1
        JButton jbtn2 = new JButton("南");//创建一个按钮jbtn2
        JButton jbtn3 = new JButton("西");//创建一个按钮jbtn3
        JButton jbtn4 = new JButton("东");//创建一个按钮jbtn4
        JButton jbtn5 = new JButton("中");//创建一个按钮jbtn5
        jf.add(jbtn1,"North");
        jf.add(jbtn2,"South");
        jf.add(jbtn3,"West");
        jf.add(jbtn4,"East");
        jf.add(jbtn5,"Center");
        jf.setVisible(true);//设置窗口可见
    }
}
```

任务解析

当将窗口的水平尺寸放大时,North、Center、South尺寸跟着放大;当将窗口的垂直尺寸放大时,West、Center、East尺寸跟着放大,Center尺寸始终变化。不管窗口如何变化,North、South高度不变,West、East宽度不变。

用BorderLayout边界布局管理器设置组件时,还可以设置组件之间的间隙,方法是使用jf.setLayout(new BorderLayout(10,10)),设置水平间隙和垂直间隙为10像素,运行结果如图10-8所示。

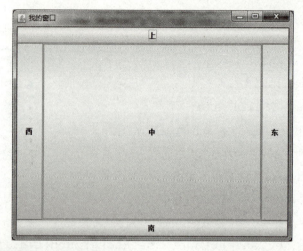

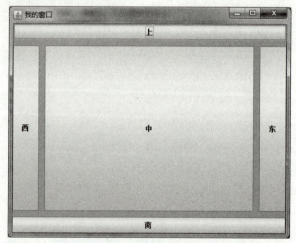

图 10-8 使用 BorderLayout 布局管理器

缺点：当加入的组件超过 5 个时，就必须使用容器的嵌套或其他布局。
优点：当容器缩放时，组件相应的位置不变化，但大小改变。

任务 3.2 使用 FlowLayout 布局管理器

● 任务需求

使用 FlowLayout 布局管理器在 JFrame 类的对象中放置 5 个按钮，并且水平居中对齐；熟悉 FlowLayout 布局管理器的用法。

任务实现

```java
import java.AWT.Color;
import java.AWT.FlowLayout;
import javax.swing.*;
public class FourthFrame{
    public static void main(String[] args) {
        JFrame jf = new JFrame();//定义一个JFrame类的对象jf
        jf.setSize(500,400);//设置窗口的大小
        jf.setTitle("我的窗口");    //设置窗口的标题为"我的窗口"
        jf.setLocation(400,200);//设置窗口在屏幕中的显示位置
        jf.getContentPane().setBackground(Color.green);
        //设置窗口的背景颜色
        jf.setDefaultCloseOperation(JFrame.EXIT_ON_CLOSE);
        //设置窗口的关闭方式
        JButton jbtn1 = new JButton("上");//创建一个按钮jbtn1
        JButton jbtn2 = new JButton("南");//创建一个按钮jbtn2
        JButton jbtn3 = new JButton("西");//创建一个按钮jbtn3
        JButton jbtn4 = new JButton("东");//创建一个按钮jbtn4
        JButton jbtn5 = new JButton("中");//创建一个按钮jbtn5
        jf.setLayout(new FlowLayout());
        jf.add(jbtn1,"North");
        jf.add(jbtn2,"South");
        jf.add(jbtn3,"West");
        jf.add(jbtn4,"East");
        jf.add(jbtn5,"Center");
        jf.setVisible(true);//设置窗口可见
    }
}
```

任务解析

FlowLayout 布局管理器使得在容器中就像在一张纸上写字一样,写满一行就换下一行。行高是由一行中的控件高度决定的。FlowLayout 是所有容器的默认布局。可以指定流式布局的显示对齐方式,默认情况下是居中对齐(FlowLayout.CENTER)。上述代码的运行结果如图 10-9 所示。

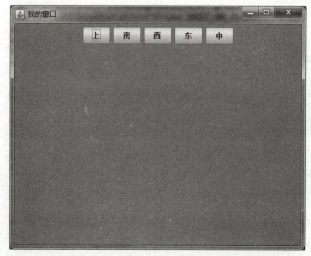

图 10-9 使用 FlowLayout 布局管理器

缺点：当用户对由 FlowLayout 布局管理的区域进行缩放时，布局发生变化。前面讲组件时就是这种情况。如果将代码 jf.setLayout(new FlowLayout())改为 jf.setLayout(new FlowLayout(FlowLayout.LEFT))，那么组件从左上角开始，按从左至右的方式排列。当容器的大小发生变化时，用 FlowLayout 管理的组件会发生变化，其变化规律是：组件的大小不变，但是相对位置会发生变化，如图 10-10 所示。

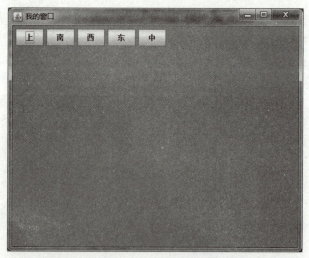

图 10-10 使用 FlowLayout 布局管理器的其他情况

任务 3.3　使用 GridLayout 布局管理器

● 任务需求

使用 GridLayout 布局管理器在 JFrame 类的对象中放置 9 个按钮，分布成 3 行 3 列，并且各按钮之间水平和垂直间隙各为 10 像素；熟悉 GridLayout 布局管理器的用法。

任务实现

```java
import java.AWT.Color;
import java.AWT.GridLayout;
import javax.swing.*;
public class FifthFrame{
    public static void main(String[] args) {
        JFrame jf = new JFrame();//定义一个JFrame类的对象jf
        jf.setSize(500,400);//设置窗口的大小
        jf.setTitle("我的窗口");   //设置窗口的标题
        jf.setLocation(400,200);//设置窗口在屏幕中的显示位置
        jf.getContentPane().setBackground(Color.green);
        //设置窗口的背景颜色
        jf.setDefaultCloseOperation(JFrame.EXIT_ON_CLOSE);
        //设置窗口的关闭方式
        jf.setLayout(new GridLayout(3,2,10,10));
        JButton[] jbtn = new JButton[9];//创建按钮数组
        for(int i=0;i<9;i++){
            jbtn[i] = new JButton(String.valueOf(i+1));
            jf.add(jbtn[i]);
        }
        jf.setVisible(true);//设置窗口可见
    }
}
```

程序的运行结果如图10-11所示。

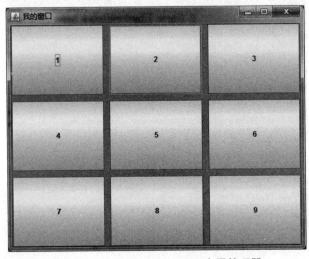

图10-11 使用GridLayout布局管理器

● 任务解析

GridLayout 布局管理器提供了放置控件的灵活手段。它将窗口或者容器分成网格状,可以指定可以分成几行几列,然后控件按从左到右、从上到下的顺序进行排列。还可以设置组件之间的间隙。当网格布局管理器对应的窗口发生变化时,内部控件的相对位置并不变化,只有大小发生变化。网格布局管理器总是忽略控件的大小,它把每个 component 的大小设置成相同的。

优点:组件的相应位置不随区域的缩放而改变,只是组件的大小改变,如图 10 - 12 所示。该布局适用于组件个数较多的情况。

图 10 - 12　GridLayout 布局管理器对应的窗口发生变化

任务 4　在 JFrame 类的对象中使用中间容器

● 任务需求

本任务要求在 JFrame 类的对象中使用中间容器,放置一个中间容器 JPanel,并在 JPanel 中放置一个按钮。如果想在 JFrame 对象中放置一个按钮,可以采取两种方式:一种是将按钮组件直接添加到 JFrame 对象,上述任务 3 就是这样进行的;另一种是将按钮组件添加到中间容器,然后再将中间容器添加到 JFrame 对象,一般采取后者。

创建一个 JPanel 对象,然后使用 JFrame 的 add( ) 方法将 JPanel 放置到 JFrame;创建一个 JButton 按钮对象,然后将按钮对象放置到 JPanel。程序运行结果如图 10 - 13 所示。

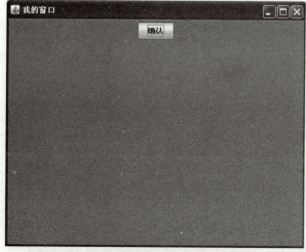

图 10 - 13　在 JFrame 类的对象中使用中间容器

项目10 图形用户界面设计

● 任务实现

```java
import java.AWT.Color;
import javax.swing.*;
public class SenconFrame2{
    public static void main(String[] args) {
        JFrame jf = new JFrame();//定义一个JFrame类的对象jf
        jf.setSize(500,400);//设置窗口的大小
        jf.setTitle("我的窗口");   //设置窗口的标题为"我的窗口"
        jf.setLocation(400,200);//设置窗口在屏幕中的显示位置
        jf.getContentPane().setBackground(Color.green);
        //设置窗口的背景颜色
        jf.setDefaultCloseOperation(JFrame.EXIT_ON_CLOSE);
        //设置窗口的关闭方式
        JPanel jpanel = new JPanel();//创建一个jpanel中间容器
        jpanel.setBackground(Color.green);//设置jpanel的背景颜色
        JButton jb = new JButton(   );//创建一个按钮jb
        jb.setText("确认");   //设置jb按钮的文本为"确认"
        jpanel.add(jb);
        jf.add(jpanel);
        jf.setVisible(true);//设置窗口可见
    }
}
```

● 任务解析

  顶层容器 JFrame 的默认布局都是 BorderLayout(边界布局),中间容器 JPanel 的默认布局方式是 FlowLayout。将创建按钮及对按钮的设置代码写在 jf.setVisible(true)之前,否则按钮显示不出。

任务5　认识各类组件

任务5.1　认识标签、文本框、文本区、单选按钮组件

● 任务需求

  实现如图 10-14 所示的界面设计。

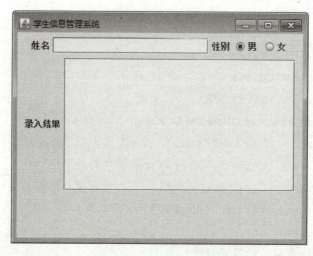

图 10-14　要设计的界面

●任务实现

第一步：由 **JFrame** 创建初始的用户界面，获得 **JFrame** 的容器，添加中间容器 **JPanel**

```java
public class StudentManage1 {
    public static void main(String[] args) {
        JFrame jframe = new JFrame();
        jframe.setTitle("学生信息管理系统");
        jframe.setDefaultCloseOperation(JFrame.EXIT_ON_CLOSE);
        jframe.setExtendedState(jframe.MAXIMIZED_BOTH);
        jframe.setSize(800,600);
        jframe.setLocation(200,200);
        Container container = jframe.getContentPane();
        JPanel panel = new JPanel();
        container.add(panel);
        jframe.setVisible(true);
    }
}
```

运行程序之后的效果如图 10-15 所示。

第二步：添加标签(要录入的基本信息的名称)、文本框(录入姓名信息)、文本域(显示录入结果信息)、单选按钮(选择性别)

项目10 图形用户界面设计

图 10-15 在 JFrame 的容器中添加中间容器 JPanel

```
public class StudentManage2 {
    public static void main(String[] args) {
        JFrame jframe = new JFrame();
        jframe.setTitle("学生信息管理系统");
        jframe.setDefaultCloseOperation(JFrame.EXIT_ON_CLOSE);
        jframe.setExtendedState(jframe.MAXIMIZED_BOTH);
        jframe.setSize(800,600);
        jframe.setLocation(200,200);
        Container container = jframe.getContentPane();
        JPanel panel = new JPanel();
        JLabel l_sname = new JLabel("姓名");
        panel.add(l_sname);
        JTextField tf_sname = new JTextField(20);
        panel.add(tf_sname);
        JLabel l_ssex = new JLabel("性别");
        panel.add(l_ssex);
        JRadioButton rb_male = new JRadioButton("男",true);
        JRadioButton rb_female = new JRadioButton("女");
        ButtonGroup bgroup = new ButtonGroup();
        bgroup.add(rb_male);
        bgroup.add(rb_female);
```

```
            panel.add(rb_male);
            panel.add(rb_female);
            JLabel l_result = new JLabel("录入结果");
            panel.add(l_result);
            JTextArea ta_result = new JTextArea(10,30);
            JScrollPane sp = new JScrollPane(ta_result);
            panel.add(sp);
            container.add(panel);
            jframe.setVisible(true);
        }
    }
```

程序运行之后的结果如图 10 – 14 所示。

●任务解析

通过此任务认识以下几个基本组件。

1. 标签（JLabel）

标签用于显示单行静态文本。用户只能查看其内容,而不能对其进行修改。可以通过设置垂直和水平对齐方式,指定标签显示区中标签内容在何处对齐。默认情况下,标签在其显示区内垂直居中对齐;只显示文本的标签,从开始边对齐;只显示图像的标签,水平居中对齐。标签类没有事件响应。

构造方法：

```
JLabel label1 = new JLabel("姓名");
ImageIcon ii = new ImageIcon("java.gif");
JLabel label2 = new JLabel(ii);
JLabel label3 = new JLabel("姓名",ii,JLabel.CENTER);
```

标签内容一般不需要改变,但也可以使用 setText 和 setIcon 方法进行改变。例如,当使用同一标签显示不同的图片时,就可使用 setIcon 方法实现。

2. 文本框（JTextField）

文本框用来接收用户输入的单行文本信息。JPasswordField 控件扩展了 JTextField 的功能,提供了类似密码的服务。JTextArea 控件提供了输入多行文本的功能。

(1) 构造方法：

```
JTextField tf1 = new JTextField(10);
JTextField tf2 = new JTextField("aa");
JTextField tf3 = new JTextField("aa",8);
```

(2) 其他方法：

```
public String getText();
public String getSelectedText();
public void setText(String s);
public void setEchoChar(char c);
public void setEditable(boolean b);
```

3. 文本区(JTextArea)

(1)构造方法:

```
JTextArea ta1 = new JTextArea(5,5);
JTextArea ta2 = new JTextArea("ab",8,7);
```

(2)其他方法:

```
public getCaretPosition();
public void insert(String str,int pos);
public String getSelectedText();
public int getSelectionStart();
public int getSelectionEnd();
public void replaceRange(String str,int start,int end);
```

应用中经常将文本区对象放入一个滚动窗格中,以使用滚动条功能,方法如下:

```
JTextArea ta = new JTextArea(10,10);
JScrollPane sp = new JScrollPane(ta);
```

4. 单选按钮(JRadioButton)

(1)构造方法(与JButton类似):

```
JRadioButton rbutt1 = new JRadioButton("男", true);
ImageIcon ii = new ImageIcon("java.gif");
JRadioButton rbutt2 = new JRadioButton(ii);
JRadioButton rbutt3 = new JRadioButton("女",ii,false);
```

(2)常用方法:

```
void addActionListener(ActionListener);
void addItemListener(ItemListener);
boolean isSelected();
void setSelected(boolean);
```

(3)使用单选按钮时,经常用到ButtonGroup类。

①创建按钮组对象。

```
ButtonGroup bg = new ButtonGroup();
```

②创建若干单选按钮对象。

```
JRadioButton b1 = new JRadioButton("x");
JRadioButton b2 = new JRadioButton("y");
```

(4)将各单选按钮添加到按钮组中:

```
bg.add(b1);
bg.add(b2);
```

(5)将单选按钮添加到其他容器中:

```
容器对象.add(b1);
容器对象.add(b2);
```

注:按钮组维持只有一个单选按钮处于选择状态。如果不将多个单选按钮设置为1个按钮组,那么单选按钮就不能实现单选功能,如实例中的"男"与"女"按钮,这两个单选按钮是可以同时被选择的。只有将多个单选按钮设置为1个按钮组,单选按钮才能实现单选功能。

任务5.2 认识复选框、列表框、下拉列表、密码框组件

● 任务需求

实现如图10-16所示设计。

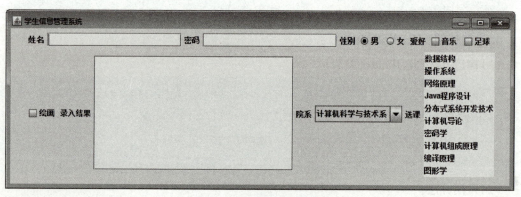

图10-16 要设计的界面

● 任务实现

```
public static void main(String[] args) {
    JFrame f = new JFrame();
    f.setTitle("学生信息管理系统");
    f.setDefaultCloseOperation(JFrame.EXIT_ON_CLOSE);
    f.setExtendedState(f.MAXIMIZED_BOTH);
```

```java
        f.setSize(800,600);
        f.setLocation(200,200);
        Container con = f.getContentPane();
        JPanel panel = new JPanel();
        JLabel l_sname = new JLabel("姓名");
        panel.add(l_sname);
        JTextField tf_sname = new JTextField(20);
        panel.add(tf_sname);
        JLabel l_password = new JLabel("密码");
        panel.add(l_password);
        JPasswordField password = new JPasswordField(20);
        password.setEchoChar('*');
        panel.add(password);
        JLabel l_ssex = new JLabel("性别");
        panel.add(l_ssex);
        JRadioButton rb_male = new JRadioButton("男",true);
        JRadioButton rb_female = new JRadioButton("女");
        ButtonGroup bgroup = new ButtonGroup();
        bgroup.add(rb_male);
        bgroup.add(rb_female);
        panel.add(rb_male);
        panel.add(rb_female);
        JLabel l_hobby = new JLabel("爱好");
        JCheckBox[] hobby = { new JCheckBox("音乐"),new JCheckBox("足球"),new JCheckBox("绘画")};
        panel.add(l_hobby);
        panel.add(hobby[0]);
        panel.add(hobby[1]);
        panel.add(hobby[2]);
        JLabel l_result = new JLabel("录入结果");
        panel.add(l_result);
        JTextArea ta_result = new JTextArea(10,30);
        JScrollPane sp = new JScrollPane(ta_result);
        panel.add(sp);
        JLabel l_department = new JLabel("院系");
        panel.add(l_department);
        String[] departmentNames = {"计算机科学与技术系","电子信息与技术系","机电工程系"};
```

```
        JComboBox c_department = new JComboBox(departmentNames);
        c_department.setEditable(false);
        panel.add(c_department);
        JLabel l_choose = new JLabel("选课");
        String[] coursesNames = {"数据结构","操作系统","网络原理","Java程序设计","分布式系统开发技术","计算机导论","密码学","计算机组成原理","编译原理","图形学",};
        JList course = new JList(coursesNames);
        panel.add(l_choose);
        panel.add(course);
        con.add(panel);
        f.setVisible(true);
    }
```

任务完成之后的界面如图 10-16 所示。

● 任务解析

任务中将用到如下组件。

1. 复选框(JCheckbox)

(1) 构造方法：

JCheckbox()：创建一个没有标签的复选框。

JCheckbox(Icon icon)：创建一个有图标的复选框。

JCheckbox(Icon icon,boolean sele)：创建一个有图标 icon 的复选框,初始状态为 sele。

JCheckbox(String s)：创建一个有标签的复选框。

JCheckbox(String s,boolean b)：创建一个有标签的复选框,参数 b 设置初始状态。

JCheckbox(String str,Icon icon)：创建一个有 str 文字及图标 icon 的复选框。

JCheckbox(String str,Icon icon,boolean sele)：创建一个有 str 文字及图标 icon 的复选框,初始状态为 sele。

(2) 常用方法：

isSelected()：返回复选按钮的状态,返回类型是 boolean。如果返回 true,则表示该按钮处于选中状态；否则处于未选中状态。

setSelected(Boolean state)：设置复选按钮的状态。

2. 列表框(JList)

(1) 构造方法：

```
    String ss[] = {"red","green","blue"};
    JList list1 = new JList(ss);
    JList list2 = new JList(Vector);
```

(2) 其他常用方法：

```
void addListSelectionListener(…);
void setVisibleRowCount(int);
void setSelectionMode(int);
//取值如下(在 ListSelectionModel 中定义)
SINGLE_SELECTION
SINGLE_INTERVAL_SELECTION
MULTIPLE_INTERVAL_SELECTION(默认)
int getSelectedIndex();
int[] getSelectedIndices();
Object getSelectedValue();
Object[] getSelectedValues();
```

3. 下拉列表(JComboBox)

(1) 构造方法：

```
tring ss[]={"red","green","blue"};
JComboBox cb1 = new JComboBox(ss);
JComboBox cb2 = new JComboBox(Vector);
```

(2) 常用方法：
addItem()：添加一个项目到 JComboBox。
get/setSelectedIndex()：获取/设置 JComboBox 中选中项目的索引。
get/setSelectedItem()：获取/设置选中的对象。
removeAllItems()：从 JComboBox 删除所有对象。
removeItem()：从 JComboBox 删除特定对象。
setEditable：把一个组合框设置为可编辑的。
注意：编辑只会影响当前项，不会改变列表的内容。

4. 密码框(JPasswordField)

(1) 构造方法：
类似于 JTextField。
(2) 常用方法：

```
void addActionListener(ActionListener);
char[] getPassword();
void setEchoChar(char);
char getEchoChar();
```

任务6 实现计算器的设计

● 任务需求

实现如图10-17所示的界面设计和功能。

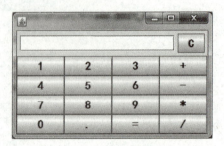

图10-17 计算器

● 任务实现

第一步:利用面向对象的思想实现界面设计

```java
public class CalculatorFrame1 extends JFrame {
    //设置私有的属性(组件)
    private JTextField field;//声明显示数据的文本框
    private JButton clearBtn;//声明清除按钮
    private JButton btns[];//声明按钮数组存放16个按钮
    private JPanel northpanel;//声明一个面板,存放文本框和清除按钮
    private JPanel centerpanel;/*声明一个面板,存放16个用于计算的按钮*/
    //在构造方法中为属性赋值
    public CalculatorFrame1(){
        field = new JTextField(25);//创建一个文本框
        clearBtn = new JButton("C");//创建清除按钮,按钮上的文字是"C"
        btns = new JButton[16];//创建一个按钮数组
        northpanel = new JPanel();//创建一个面板
        centerpanel = new JPanel();//创建一个面板
        String str = "123+456-789*0.=/";
        for(int i=0;i<btns.length;i++){
            btns[i] = new JButton(str.substring(i,i+1));
        }//创建每一个按钮,并且设置按钮上显示的内容
    }
    //设置字体
    public void setColorAndFont() {
```

项目10 图形用户界面设计

```java
        Font font = new Font("黑体",Font.BOLD,18);
        field.setFont(font);
        clearBtn.setFont(font);
        for(int i = 0;i < btns.length;i ++){
            btns[i].setFont(font);
        }
    }
    /* init 方法完成窗体和面板的布局,以及将组件(按钮和文本框)放置到相应
面板上,将面板放置到窗体中*/
    public void init(){
        this.setLayout(new BorderLayout());//窗体利用边界布局
        northpanel.setLayout(new FlowLayout());
        //northpanel 面板采用了流式布局
        centerpanel.setLayout(new GridLayout(4,4));
        //centerpanel 面板采用了网格4*4布局
        northpanel.add(field);//在 northpanel 面板上放置一个文本框
        northpanel.add(clearBtn);//在 northpanel 面板上放置一个按钮
        for(int i = 0;i < btns.length;i ++){
            centerpanel.add(btns[i]);
        }//在 centerpanel 面板上放置16个按钮
        //将 northpanel 面板放置到窗体边界布局中北边的位置
        this.add(northpanel,BorderLayout.NORTH);
        //将 centerpanel 面板放置到窗体边界布局中间的位置
        this.add(centerpanel,BorderLayout.CENTER);
    }
    //设置显示窗体
    public void showMe(){
        this.setVisible(true);
        this.pack();
        this.setDefaultCloseOperation(JFrame.EXIT_ON_CLOSE);
    }
    public static void main(String[] args) {
        CalculatorFrame1 calculatorFrame = new CalculatorFrame1();
        calculatorFrame.init();
```

- 253 -

```
            calculatorFrame.setColorAndFont();
            calculatorFrame.showMe();
     }
}
```

●任务解析

利用面向对象的思想实现界面设计,需要 public class CalculatorFrame1 extends JFrame,窗体 frame 利用 borderlayout 布局,并且在其上放置两个 jpanel 面板:northpanel 采用 flowlayout 布局,centerpanel 采用 gridlayout 布局。设置组件为窗体的属性,在构造方法中对各个组件(窗体属性)进行创建。init 方法完成窗体和面板的布局,以及将组件(按钮和文本框)放置到相应面板上,将面板放置到窗体中。setColorAndFont( )方法完成字体和字颜色的设置,showMe 方法设置显示窗体。最后,main 方法通过调用构造方法,完成窗体对象的创建:CalculatorFrame1 calculatorFrame = new CalculatorFrame1( ); ,组件的创建:calculatorFrame. init( ); ,窗体的显示灯:calculatorFrame. showMe( ); 。

第二步:实现计算器功能——计算器监听事件

●任务需求

按钮添加事件监听。

●任务实现

```
    public class CalculatorFrame4 extends JFrame implements Action-
Listener{
        //设置私有属性(组件)
            private JTextField field;//声明显示数据的文本框
            private JButton clearBtn;//声明清除按钮
            private JButton btns[];//声明按钮数组存放16个按钮
            private JPanel northpanel;
        //声明一个面板,存放文本框和清除按钮
            private JPanel centerpanel;
        //声明一个面板,存放16个用于计算的按钮
            private double num1 = 0.0,num2 = 0.0;
            private char operate ='\0';
        //在构造方法中为属性赋值
            public CalculatorFrame4(){
                field = new JTextField(25);//创建一个文本框
                clearBtn = new JButton("C");
                //创建清除按钮,按钮上的文字是"C"
                btns = new JButton[16];//创建一个按钮数组
```

```java
            northpanel = new JPanel();//创建一个面板
            centerpanel = new JPanel();//创建一个面板
            String str = "123+456-789*0.=/";
            for(int i = 0;i < btns.length;i ++){
                btns[i] = new JButton(str.substring(i,i +1));
            }//创建每一个按钮,并且设置按钮上显示的内容
        }
    /*完成窗体和面板的布局,以及将组件(按钮和文本框)放置到相应面板上,将面板放置到窗体中。*/
        public void init(){
            this.setLayout(new BorderLayout());//窗体利用边界布局
            northpanel.setLayout(new FlowLayout());
            //northpanel 面板采用了流式布局
            centerpanel.setLayout(new GridLayout(4,4));
            //centerpanel 面板采用了网格4*4布局
            northpanel.add(field);//在 northpanel 面板上放置一个文本框对象
            northpanel.add(clearBtn);//在 northpanel 面板上放置一个按钮
            for(int i = 0;i < btns.length;i ++){
                centerpanel.add(btns[i]);
            }//在 centerpanel 面板上放置16个按钮
            this.add(northpanel,BorderLayout.NORTH);
            //将 northpanel 面板放置到窗体边界布局中北边的位置
            this.add(centerpanel,BorderLayout.CENTER);
            //将 centerpanel 面板放置到窗体边界布局中间的位置
        }
//设置处理事件的方法
        public void evenHandler(){
            clearBtn.addActionListener(this);
            for(int i = 0;i < btns.length;i ++){
                btns[i].addActionListener(this);
            }
            btns[4].addActionListener(this);
        }
        @Override
        public void actionPerformed(ActionEvent e) {
            String str = e.getActionCommand();
    /*indexOf()方法是判断 str 是否在"0123456789."中出现过,如果出现过,就返回第一次出现的下标,如果没有出现过,就返回-1*1*/
```

```java
            //判断单击的按钮上的数值是否是"0123456789."
            if("0 123456789.".indexOf(str)!=-1){
                field.setText(field.getText()+str);
            }else if("+-*/".indexOf(str)!=-1){
                num1 = Double.parseDouble(field.getText());
                operate = str.charAt(0);
                field.setText("");
        }else if(str.equals("=")){
            num2 = Double.parseDouble(field.getText());
            field.setText("");
            switch(operate){
                case '+':num1 += num2;break;
                case '-':num1 -= num2;break;
                case '*':num1 *= num2;break;
                case '/':num1 /= num2;break;
            }
            field.setText(num1 + "");
        }else if(str.equals("C")){
            field.setText("");
            num1 = 0.0;
            num2 = 0.0;
            operate ='\0';
        }


    }
            //设置窗体显示出来
            public  void showMe(){
                this.setVisible(true);
                this.pack();
        }
            public static void main(String[] args) {
                CalculatorFrame4 CalculatorFrame = new CalculatorFrame4();
                CalculatorFrame.init();
                CalculatorFrame.evenHandler();
                CalculatorFrame.showMe();
        }
    }
```

任务解析

实际就是给按钮添加事件监听,让窗体类实现接口 ActionListener,重写该接口的 actionPerformed(ActionEvent e)方法,主要的工作就是写 actionPerformed(ActionEvent e)方法。在属性中声明存放参与运算的变量和运算符号:

```
private double num1 = 0.0,num2 = 0.0;private char operate ='\0'
```

evenHandler()方法中,分为 4 种情况:数字按钮和"."号的处理、"+、-、*、/"运算符的处理、"="号的处理、清除按钮的处理。单击数字按钮和点号要做的工作:将单击按钮的文本追加到原来数字的末尾 field.setText(field.getText() + str);。单击"+、-、*、/"运算符:首先要把当前显示的字符保存起来,清除掉文本框的内容,再保存当前单击的运算符号。单击"="号:首先要把当前显示的字符保存起来,清除掉文本框的内容,再做运算。清除按钮:将文本框内容清空,并且还要清除 num1、num2、operater 的内容,为下一次运算做准备,并将文本框的文本转化为 Double.parseDouble(field.getText());。

任务 7 完成界面设计,并且为按钮添加事件

任务需求

完成如图 10-18 所示控制台显示按钮被单击的界面设计,并且为按钮添加事件,当单击按钮时,在控制台显示"按钮被单击啦"。

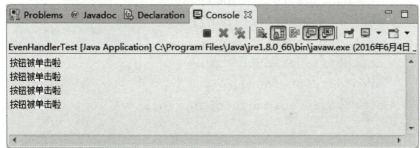

图 10-18 控制台显示"按钮被单击啦"

● 任务实现

```java
public class EvenHandlerTest extends JFrame {
    //设置私有的属性(组件)
    private JButton eastBtns,southBtns,westBtns,northBtns;
    private JTextArea area;
    //在构造方法中为属性赋值
    public EvenHandlerTest(){
        eastBtns = new JButton("东");
        southBtns = new JButton("南");
        westBtns = new JButton("西");
        northBtns = new JButton("北");
        area = new JTextArea(40,20);
    }
    /*
    *init 方法完成容器和面板的布局及放置组件
    */
    public void init(){
        this.setLayout(new BorderLayout());
        this.add(eastBtns,BorderLayout.EAST);
        this.add(southBtns,BorderLayout.SOUTH);
        this.add(westBtns,BorderLayout.WEST);
        this.add(northBtns,BorderLayout.NORTH);
        this.add(area,BorderLayout.CENTER);
    }
    /*
    *设置字体
    */
    public void setColorAndFont() {
        Font font = new Font("黑体",Font.BOLD,18);
        eastBtns.setFont(font);
        southBtns.setFont(font);
        westBtns.setFont(font);
        northBtns.setFont(font);
        area.setFont(font);
        area.setForeground(Color.red);
    }
```

```java
// 设置处理事件的方法
    public void evenHandler() {
        eastBtns.addActionListener(new MyActionListener());
        southBtns.addActionListener(new MyActionListener());
        westBtns.addActionListener(new MyActionListener());
        northBtns.addActionListener(new MyActionListener());
    }
    public void showMe(){
        init();
        setColorAndFont();
        evenHandler();
        this.setVisible(true);
        this.setSize(480,320);
        this.setDefaultCloseOperation(JFrame.EXIT_ON_CLOSE);
    }

    public static void main(String[] args) {
        new EvenHandlerTest().showMe();
    }
}
class MyActionListener implements ActionListener{
    @Override
    public void actionPerformed(ActionEvent e) {
        System.out.println("按钮被单击啦");
    }
}
```

程序运行之后的结果如图 10-19 所示。

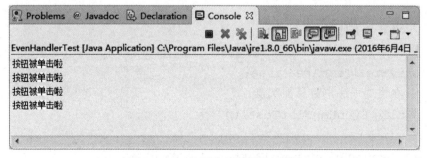

图 10-19　控制台显示按钮被单击

任务 8　为按钮添加事件,当单击按钮时,文本框显示某按钮被单击

● 任务需求

在上述任务基础上,为按钮添加事件,当单击按钮时,在中间的文本框中显示某按钮被单击,如图 10-20 所示。

图 10-20　文本框显示按钮被单击

需要修改、完善任务上述的代码。事件源:四个按钮;事件对象:单击(鼠标单击);事件监听器:实现一个监听器,就是实现这个监听器监听的代码,然后把这个监听器交给按钮。

(1)这个类的实现接口为 ActionListener。

(2)当按钮被单击时,在 textarea 中出现哪个按钮被单击。

对于第(1)点,让本身类继承 JFrame,从而实现 ActionListener。

①修改代码 public class EvenHandlerTest extends JFrame implements ActionListener{ }。

②去掉原来的 class MyEvenListener implements ActionListener 的定义。

③右击,选择"Override/Implement Methods"。

● 任务实现

```
    public class EvenHandlerTest2 extends JFrame implements Action-
Listener{
        //设置私有的属性(组件)
        private JButton eastBtns,southBtns,westBtns,northBtns;
        private JTextArea area;
        //在构造方法中为属性赋值
        public EvenHandlerTest2(){
            eastBtns = new JButton("东");
            southBtns = new JButton("南");
            westBtns = new JButton("西");
            northBtns = new JButton("北");
            area = new JTextArea(40,20);
```

```java
}
/*
 * init 方法完成容器和面板的布局及放置组件
 */
public void init(){
    this.setLayout(new BorderLayout());
    this.add(eastBtns,BorderLayout.EAST);
    this.add(southBtns,BorderLayout.SOUTH);
    this.add(westBtns,BorderLayout.WEST);
    this.add(northBtns,BorderLayout.NORTH);
    this.add(area,BorderLayout.CENTER);
}
/*
 * 设置字体
 */
public void setColorAndFont() {
    Font font = new Font("黑体",Font.BOLD,18);
    eastBtns.setFont(font);
    southBtns.setFont(font);
    westBtns.setFont(font);
    northBtns.setFont(font);
    area.setFont(font);
    area.setForeground(Color.red);
}
@Override
public void actionPerformed(ActionEvent e) {
    area.append(e.getActionCommand() + "按钮被单击" + "\n");
}
//设置处理事件的方法
public void evenHandler() {
    eastBtns.addActionListener(this);
    southBtns.addActionListener(this);
    westBtns.addActionListener(this);
    northBtns.addActionListener(this);
}
public void showMe(){
    init();
    setColorAndFont();
    evenHandler();
    this.setVisible(true);
    this.setSize(480,320);
```

```
            this.setDefaultCloseOperation(JFrame.EXIT_ON_CLOSE);
        }

        public static void main(String[] args) {
            new EvenHandlerTest2().showMe();
        }
    }
```

10.5 拓展练习

一、选择题

1. 容器 Panel 和 Applet 缺省使用的布局编辑策略是(　　)。
   A. BorderLayout　　　　B. FlowLayout　　　　C. GridLayout　　　　D. CardLayout
2. Applet 类的直接父类是(　　)。
   A. Component 类　　　B. Container 类　　　C. Frame 类　　　　D. Panel 类
3. Swing 与 AWT 的区别不包括(　　)。
   A. Swing 是由纯 Java 实现的轻量级构件
   B. Swing 没有本地代码
   C. Swing 不依赖操作系统的支持
   D. Swing 支持图形用户界面
4. 在 Java 中,所有类的根类是(　　)。
   A. java.lang.Object   B. java.lang.Class
   C. java.applet.Applet   D. java.awt.Frame
5. 在 Java 中实现图形用户界面可以使用组件 AWT 和(　　)。
   A. swing　　　　　　B. Swing　　　　　　C. JOptionPane　　　　D. import
6. 在 Java 中,一般菜单格式包含的类对象是(　　)。
   A. JMenuBar   B. JMenu
   C. JMenuItem   D. JMenuBar、JMenu、JMenuItem
7. Java 中提供了多种布局对象类,其中使用卡片式布局的是(　　)。
   A. FlowLayout   B. BorderLayout
   C. BoxLayout   D. CardLayout
8. Frame 默认的布局管理器是(　　)。
   A. FlowLayout   B. BorderLayout
   C. GridLayout   D. CardLayout
9. 在 Java 图形用户界面编程中,若显示一些不需要修改的文本信息,一般使用(　　)类的对象来实现。
   A. Label   B. Button
   C. Textarea   D. TestField
10. 下列不属于 Swing 中的构件的是(　　)。

A. JPanel B. JTable
C. Menu D. JFrame

11. 容器被重新设置大小后,( )布局管理器的容器中的组件大小不随容器大小的变化而改变。

A. CardLayout B. FlowLayout
C. BorderLayout D. GridLayout

二、实现静态登录界面(图 10 – 21)

图 10 – 21 静态登录界面

10.6 项目小结

1. 图形用户界面(Graphical User Interface)简称 GUI,提供了一种更加直观、友好的与用户进行交互的方式。

2. 利用 Java 语言进行图形用户界面操作主要由 java.awt 和 javax.swing 两个包来完成。其中,AWT 包是图形用户界面处理的基本工具包;Swing 包在 AWT 包的基础上进行了升级、扩展,具有更加强大的图形界面开发功能。本项目在了解 AWT 包功能的基础上,重点讲解了 Swing 的功能。

3. 讨论了组件的使用及容器的布局,这些内容使 Java 图形用户界面的程序设计变得灵活、方便。

4. 与图形界面程序密切相关的还有一个比较重要的内容——事件处理机制。Java 语言的事件处理机制包括事件源、事件、事件处理器三个主要的概念。首先需要为事件源注册相应的事件处理器,事件源产生指定事件,事件处理器捕获后进行相应事件处理。

阶段实训三 学生管理系统

☆ **任务需求**

针对目前所学内容,完成一个综合案例——学生管理系统。该系统主要功能如下:
添加学生:通过键盘录入学生信息,添加到集合中。
删除学生:通过键盘录入要删除学生的学号,将该学生对象从集合中删除。
修改学生:通过键盘录入要修改学生的学号,对该学生对象其他信息进行修改。
查看学生:将集合中的学生对象信息进行展示。
退出系统:结束程序。
参考运行结果如实训图 3-1 所示。

```
Problems  @ Javadoc  Declaration  Console  Progress
StudentManager [Java Application] C:\Program Files\Java\jre1.8.0_65\bin\javaw.exe
--------欢迎来到学生管理系统--------
1  添加学生
2  删除学生
3  修改学生
4  查看所有学生
5  退出
请输入你的选择:
```

实训图 3-1 运行结果

☆ **需求说明**

实现步骤:

1. 定义学生类,包含以下成员变量。

```
private String sid              //学生 id
private String name             //学生姓名
private String age              //学生年龄
private String address          //学生所在地
```

2. 学生管理系统主界面的搭建步骤。

    2.1 用输出语句完成主界面的编写。
    2.2 用 Scanner 实现键盘输入。
    2.3 用 switch 语句完成选择的功能。
    2.4 用循环完成功能结束后再次回到主界面。

3. 学生管理系统的添加学生功能实现步骤。

    3.1 定义一个方法,接收 ArrayList < Student > 集合。
    3.2 方法内完成添加学生的功能。
        ①键盘录入学生信息。
        ②根据录入的信息创建学生对象。

③将学生对象添加到集合中。

④提示添加成功信息。

3.3 在添加学生的选项里调用添加学生的方法。

4. 学生管理系统的查看学生功能实现步骤。

4.1 定义一个方法,接收 ArrayList < Student > 集合。

4.2 方法内遍历集合,将学生信息进行输出。

4.3 在"查看所有学生"选项里调用查看学生方法。

5. 学生管理系统的删除学生功能实现步骤。

5.1 定义一个方法,接收 ArrayList < Student > 集合。

5.2 方法中接收要删除学生的学号。

5.3 遍历集合,获取每个学生对象。

5.4 使用学生对象的学号和录入的要删除的学号进行比较,如果相同,则将当前学生对象从集合中删除。

5.5 在"删除学生"选项里调用删除学生的方法。

6. 学生管理系统的修改学生功能实现步骤。

6.1 定义一个方法,接收 ArrayList < Student > 集合。

6.2 方法中接收要修改学生的学号。

6.3 通过键盘录入学生对象所需的信息,并创建对象。

6.4 遍历集合,获取每一个学生对象,并和录入的修改学生学号进行比较,如果相同,则使用新学生对象替换当前学生对象。

6.5 在"修改学生"选项里调用修改学生的方法。

7. 退出系统。

使用"System.exit(0);"。

●任务实现

```java
package shixun3;
public class Student {
    private String sid; //学号
    private String name; //姓名
    private String age; //年龄
    private String address; //居住地

    public Student() {
    }

    public Student(String sid, String name, String age, String address) {
        this.sid = sid;
        this.name = name;
```

```java
        this.age = age;
        this.address = address;
    }

    public String getSid() {
        return sid;
    }

    public void setSid(String sid) {
        this.sid = sid;
    }

    public String getName() {
        return name;
    }

    public void setName(String name) {
        this.name = name;
    }

    public String getAge() {
        return age;
    }

    public void setAge(String age) {
        this.age = age;
    }

    public String getAddress() {
        return address;
    }

    public void setAddress(String address) {
        this.address = address;
    }
}

package shixun3;
```

阶段实训三 学生管理系统

```java
import java.util.ArrayList;
import java.util.Scanner;

public class StudentManager {
    /*
        1:用输出语句完成主界面的编写
        2:用 Scanner 实现键盘录入数据
        3:用 switch 语句完成操作的选择
        4:用循环完成再次回到主界面
     */
    public static void main(String[] args) {
        //创建集合对象,用于保存学生数据信息
        ArrayList<Student> array = new ArrayList<Student>();

        //用循环完成再次回到主界面
        while (true) {
            //用输出语句完成主界面的编写
            System.out.println(" -------- 欢迎来到学生管理系统 -------- ");
            System.out.println("1 添加学生");
            System.out.println("2 删除学生");
            System.out.println("3 修改学生");
            System.out.println("4 查看所有学生");
            System.out.println("5 退出");
            System.out.println("请输入你的选择:");

            //用 Scanner 实现键盘录入数据
            Scanner sc = new Scanner(System.in);
            String line = sc.nextLine();

            //用 switch 语句完成操作的选择
            switch (line) {
                case "1":
                    addStudent(array);
                    break;
                case "2":
                    deleteStudent(array);
                    break;
                case "3":
                    updateStudent(array);
```

```java
                break;
            case "4":
                findAllStudent(array);
                break;
            case "5":
                System.out.println("谢谢使用");
                System.exit(0); //JVM 退出
        }
    }
}

//定义一个方法,用于添加学生信息
public static void addStudent(ArrayList<Student> array) {
    //键盘录入学生对象所需要的数据,显示提示信息,提示要输入何种信息
    Scanner sc = new Scanner(System.in);

    String sid;

    while (true) {
        System.out.println("请输入学生学号:");
        sid = sc.nextLine();

        boolean flag = isUsed(array, sid);
        if (flag) {
            System.out.println("你输入的学号已经被占用,请重新输入");
        } else {
            break;
        }
    }

    System.out.println("请输入学生姓名:");
    String name = sc.nextLine();

    System.out.println("请输入学生年龄:");
    String age = sc.nextLine();

    System.out.println("请输入学生居住地:");
    String address = sc.nextLine();
```

```java
    //创建学生对象,把键盘录入的数据赋给学生对象的成员变量
    Student s = new Student();
    s.setSid(sid);
    s.setName(name);
    s.setAge(age);
    s.setAddress(address);

    //将学生对象添加到集合中
    array.add(s);

    //给出添加成功提示

    System.out.println("添加学生成功");
}

//定义一个方法,判断学号是否被使用
public static boolean isUsed(ArrayList<Student> array, String sid) {
    //如果与集合中的某一个学生学号相同,返回true;如果都不相同,返回false
    boolean flag = false;

    for(int i = 0; i < array.size(); i ++) {
        Student s = array.get(i);
        if(s.getSid().equals(sid)) {
            flag = true;
            break;
        }
    }

    return flag;
}

//定义一个方法,用于查看学生信息
public static void findAllStudent(ArrayList<Student> array) {
    //判断集合中是否有数据,如果没有,显示提示信息
    if (array.size() == 0) {
        System.out.println("无信息,请先添加信息再查询");
        //为了让程序不再往下执行,我们在这里写上return;
```

```java
            return;
        }

        //显示表头信息
        //\t 其实是一个tab键的位置
        System.out.println("学号 \t \t \t 姓名 \t \t 年龄 \t \t 居住地");

        //将集合中数据取出,按照对应格式显示学生信息,年龄显示补充"岁"
        for (int i = 0; i < array.size(); i ++) {
            Student s = array.get(i);
            System.out.println(s.getSid() + "\t" + s.getName() + "\t" + s.getAge() + "岁 \t \t" + s.getAddress());
        }
    }

    //定义一个方法,用于删除学生信息
    public static void deleteStudent(ArrayList <Student> array) {
        //键盘录入要删除的学生学号,显示提示信息
        Scanner sc = new Scanner(System.in);

        System.out.println("请输入你要删除的学生的学号:");
        String sid = sc.nextLine();

        //在删除/修改学生操作前,对学号是否存在进行判断
        //如果不存在,显示提示信息
        //如果存在,执行删除/修改操作

        int index = -1;

        for (int i = 0; i < array.size(); i ++) {
            Student s = array.get(i);
            if (s.getSid().equals(sid)) {
                index = i;
                break;
            }
        }

        if (index == -1) {
            System.out.println("该信息不存在,请重新输入");
        } else {
```

```java
        array.remove(index);
        //给出删除成功提示
        System.out.println("删除学生成功");
    }
}

//定义一个方法,用于修改学生信息
public static void updateStudent(ArrayList<Student> array) {
    //键盘录入要修改的学生学号,显示提示信息
    Scanner sc = new Scanner(System.in);
    System.out.println("请输入你要修改的学生的学号:");
    String sid = sc.nextLine();

    //键盘录入要修改的学生信息
    System.out.println("请输入学生新姓名:");
    String name = sc.nextLine();
    System.out.println("请输入学生新年龄:");
    String age = sc.nextLine();
    System.out.println("请输入学生新居住地:");
    String address = sc.nextLine();

    //创建学生对象
    Student s = new Student();
    s.setSid(sid);
    s.setName(name);
    s.setAge(age);
    s.setAddress(address);

    //遍历集合修改对应的学生信息
    for (int i = 0; i < array.size(); i++) {
        Student student = array.get(i);
        if (student.getSid().equals(sid)) {
            array.set(i, s);
        }
    }

    //给出修改成功提示
    System.out.println("修改学生成功");
}
```

拓展练习参考答案(选择题)

项目1 开发简单 Java 应用程序

1. AD 2. AC 3. C 4. D 5. C

项目2 Java 基本语法和程序结构

1. B 2. C 3. D 4. A 5. C 6. A 7. C 8. C 9. B 10. D

项目3 数组和字符串的程序设计

1. B 2. A 3. D 4. B 5. A

项目4 类和对象

1. AD 2. B 3. B 4. AC 5. D 6. B 7. C 8. C

项目5 面向对象的三大特征

1. B 2. C 3. A 4. C 5. A

项目6 接口

1. C 2. C 3. C 4. C 5. A

项目7 Java 常用类

1. C 2. A 3. C 4. B 5. A

项目8 异常

1. A 2. A 3. AD 4. D 5. C

项目9 Java 数据库连接技术

1. B 2. B 3. A 4. AD 5. AC

项目10 图形用户界面设计

1. B 2. B 3. D 4. A 5. A 6. D 7. D 8. B 9. A 10. C 11. B